高等职业教育"十三五"规划教材(新能源课程群)

# 光伏发电系统电能变换

主　编　崔青恒　华晓峰

副主编　郭祥飞　董书光

U0385108

中国水利水电出版社
www.waterpub.com.cn

# 内 容 提 要

作为高职"太阳能光电应用技术专业"的一门专业课程教材,本书介绍了电力电子器件及其应用技术的主干内容,重点是使学生掌握基本知识和基本技能,具备电力电子装置安装调试的综合应用能力。本书采用项目教学法模式,以多个实用项目为例,详细阐述电能变换应用技术:电力电子器件、整流器、直流变换器、逆变器。

本书的编写按照教育部规划教材的要求,以本专业工学结合的人才培养模式为基础,以就业为导向,坚持必需够用的原则,突出了工程的实用性,力求降低教材内容的难度,尽量做到通俗易懂、图文并茂。本书可作为高职太阳能光电应用技术专业教材,也可以供技工院校师生和相关技术人员学习参考之用。

## 图书在版编目(CIP)数据

光伏发电系统电能变换 / 崔青恒, 华晓峰主编. --
北京:中国水利水电出版社, 2016.4
高等职业教育"十三五"规划教材. 新能源课程群
ISBN 978-7-5170-4322-5

Ⅰ. ①光… Ⅱ. ①崔… ②华… Ⅲ. ①太阳能发电-
发电设备-高等职业教育-教材 Ⅳ. ①TM615

中国版本图书馆CIP数据核字(2016)第101994号

策划编辑:祝智敏    责任编辑:张玉玲    加工编辑:袁 慧    封面设计:李 佳

| 书 名 | 高等职业教育"十三五"规划教材(新能源课程群) |
| --- | --- |
| | **光伏发电系统电能变换** |
| 作 者 | 主 编 崔青恒 华晓峰 |
| | 副主编 郭祥飞 董书光 |
| 出版发行 | 中国水利水电出版社 |
| | (北京市海淀区玉渊潭南路1号D座  100038) |
| | 网址:www.waterpub.com.cn |
| | E-mail: mchannel@263.net(万水) |
| |       sales@waterpub.com.cn |
| | 电话:(010)68367658(发行部)、82562819(万水) |
| 经 售 | 北京科水图书销售中心(零售) |
| | 电话:(010)88383994、63202643、68545874 |
| | 全国各地新华书店和相关出版物销售网点 |
| 排 版 | 北京万水电子信息有限公司 |
| 印 刷 | 北京瑞斯通印务发展有限公司 |
| 规 格 | 184mm×240mm  16开本  15印张  325千字 |
| 版 次 | 2016年4月第1版  2016年4月第1次印刷 |
| 印 数 | 0001—2000册 |
| 定 价 | 32.00元 |

# 丛书编委会

# I

# 序　言

第三次科技革命以来，高新技术产业逐渐成为当今世界经济发展的主旋律和各国国民经济的战略性先导产业，各国相继制定了支持和促进高新技术产业发展的方针政策。我国更是把高新技术产业作为推动经济发展方式转变和产业结构调整的重要力量。

新能源产业是高新技术产业的重要组成部分，能源问题甚至关系到国家的安全和经济命脉。随着科技的日益发展，太阳能这一古老又新颖的能源逐渐成为人们利用的焦点。在我国，光伏产业被列入国家战略性新兴产业发展规划，成为我国为数不多的处于国际领先位置，能够在与欧美企业抗衡中保持优势的产业，其技术水平和产品质量得到越来越多国家的认可。新能源技术发展日新月异，新知识、新标准层出不穷，不断挑战着学校专业教学的科学性。这给当前新能源专业技术人才培养提出极大挑战，新教材的编写和新技术的更新也显得日益迫切。

在这样的大背景下，为解决当前高职新能源应用技术专业教材的匮乏，新能源专业建设协作委员会与中国水利水电出版社联合策划、组织来自企业的专业工程师、部分院校一线教师，协同规划和开发了本系列教材。教材以新能源工程实用技术为脉络，依托来自企业多年积累的工程项目案例，将目前行业发展中最实用、最新的新能源专业技术汇集进专业方案和课程方案，编写入专业教材，传递到教学一线，以期为各高职院校的新能源专业教学提供更多的参考与借鉴。

## 一、整体规划全面系统，紧贴技术发展和应用要求

新能源应用技术系列教材主要包括光伏技术应用，课程的规划和内容的选择具有体系化、全面化的特征，涉及到光电子材料与器件、电气、电力电子、自动化等多个专业学科领域。教材内容紧扣新能源行业和企业工程实际，以新能源技术人才培养为目标，重在提高专业工程实践能力，尽可能吸收企业新技术、新工艺和案例，按照基础应用到综合的思路进行编写，循序渐进，力求突出高职教材的特点。

## 二、鼓励工程项目形式教学，知识领域和工程思想同步培养

倡导以工程项目的形式开展教学，按项目、分小组、以团队方式组织实施；倡导各团队

成员之间组织技术交流和沟通，共同解决本组工程方案的技术问题，查询相关技术资料，组织小组撰写项目方案等工程资料。把企业的工程项目引入到课堂教学中，针对工程中实际技能组织教学，让学生在掌握理论体系的同时，能熟悉新能源工程实施中的工作技能，缩短学生未来在企业工作岗位上的适应时间。

### 三、同步开发教学资源，及时有效更新项目资源

为保证本系列课程在学校的有效实施，丛书编委会还专门投入了大量的人力和物力，为系列课程开发了相应的、专门的教学资源，以有效支撑专业教学实施过程中的备课授课，以及项目资源的更新、疑难问题的解决，详细内容可以访问中国水利水电出版社万水分社的万水书苑网站，以获得更多的资源支持。

本系列教材的推出是出版社、院校教师和企业联合策划开发的成果。教材主创人员先后数次组织研讨会开展交流、组织修订以保证专业建设和课程建设具有科学的指向性。来自皇明太阳能集团有限公司、力诺集团、晶科能源有限公司、晶科电力有限公司、越海光通信科技有限公司、山东威特人工环境有限公司、山东奥冠新能科技有限公司的众多专业工程师和产品经理于洪水、彭波、黄小章、姜金国等为教材提供了技术审核和工程项目方案的支持，并承担全书的技术资料整理和企业工程项目的审阅工作。山东理工职业学院的静国梁、曲道宽，威海职业学院的景悦林，菏泽职业学院的王记生，皇明太阳能职业中专的董兆广等都在教材成稿过程中给予了支持，在此一并表示衷心感谢！

本书规划、编写与出版过程历经三年时间，在技术、文字和应用方面历经多次的修订，但考虑到前沿技术、新增内容较多，加之作者文字水平有限，错漏之处在所难免，敬请广大读者批评指正。

丛书编委会

# 前　言

　　本书是高职"太阳能光电应用技术专业"的一门专业课程教材。以工作过程为导向，采取项目式的教学方法，在高等职业教育多年教学改革与实践的基础上，根据高职高专电力和能源类专业人才培养方案和最新电力电子技术行业职业技能鉴定规范，由德州职业技术学院"双师型"教师编写，作者大部分是来自一线项目研发人员且又都是一线老师。

　　《光伏发电系统电能变换》一书，从高职教育的实际出发，以电能变换装置为载体，注重理论联系实际，力求通俗易懂、深入浅出，突出实践应用环节。内容选取及安排上具有以下特色：

　　（1）在项目的选择上力求经典、简明、有代表性。本教材以电能变换器件的识别与检测、整流器的安装与调试、直流变换器的安装与调试、光伏逆变器的安装与调试作为主干项目，将电力电子技术中适合于光伏发电系统的电能变换知识筛选出来，注重典型产品的分析与应用，强化学生的工程意识，解决实际问题。

　　（2）针对高等职业教育的特点，突出理论联系实际，着重强调应用能力。教学内容的安排遵循必需、实用、够用的原则，相关知识不做过于繁杂的理论讲解，重点放在电能变换技术的介绍和装置的训练上，强调的是应用能力。

　　（3）按工作任务的步骤指导，易于学习。每个项目的开篇均提供【项目导读】，引导学生进入项目学习，正文中依次按照【任务描述】【相关知识】【知识拓展】【任务实施】【项目总结】【项目训练】【拓展训练】等适于工作过程的步骤进行指导和学习，符合职业教育实践。

　　（4）本书的配套教学资源丰富。本书课程组正在学院数字化平台建设教学网站，提供大量电子教案、课件、视频教学资源和特色资源，作为教学补充。也可提供下载供师生选用。

　　本书可作为高职太阳能光电应用技术专业教材，也可以供技工院校师生和相关技术人员学习参考之用。

　　本书由崔青恒、华晓峰任主编，郭祥飞、董书光任副主编。参加编写的还有：张洪宝、张媛媛、许洪龙、邵再虎、董圣英、闫学敏、王德厚、韩雁鸣、岳东、李建勇、魏传豪、李飞、田晓龙、刘瑞龙、宋晓明、张磊等，本书在编写过程中得到了德州和能新能源公司李哲总工程师的大力支持和指导，得到了学院尹淑英教授的指导和审核，全书得到了中国水利水电出版社万水分社相关领导的大力支持和策划团队的用心指导，在此一并深表感谢！在编写过程中，参考了国内外有关著作和研究成果，在此向有关资料的作者表示诚挚的感谢。由于编者水平有限，编写时间仓促，疏漏不当之处在所难免，敬请各位专家、教师和同学批评指正。

编　者

2016 年 2 月

# 目 录

# 1

# 电能变换器件的识别与检测

## 【项目导读】

电能变换技术即电力电子技术，其应用越来越广泛，在光伏发电系统中主要应用电路为AC-DC 整流器、DC-DC 变换器、DC-AC 逆变器等功能模块，各种变换器所使用的器件有电子技术中学过的不可控的器件电力二极管，半控型器件晶闸管，全控型器件如电力 MOSFET、IGBT 等，以及诸多集成模块。本项目通过认识典型器件，初步认识电能变换器件的结构原理，学会使用常用器件，为下一步的电路搭建安装和调试做好铺垫。

项目分解：

任务一　认识晶闸管

任务二　认识全控型电力电子器件

## 任务一　认识晶闸管

## 【任务描述】

任务情境：检测晶闸管导通及关断条件

按照图 1-1 所示搭接电路，检查无误后进行检测。

1. 检测晶闸管的导通条件

（1）首先将 S1～S3 断开，闭合 S4，加上 30V 正向阳极电压，然后让门极开路或接 4.5V 电压，观看晶闸管是否导通，灯泡是否亮。

（2）加 30V 反向阳极电压，门极开路接 –4.5V 或 +4.5V 电压，观察晶闸管是否导通，灯泡是否亮。

（3）阳极、门极都加正向电压，观看晶闸管是否导通，灯泡是否亮。

（4）灯亮后去掉门极电压，看灯泡是否亮；再加 –4.5V 反向门极电压，看灯泡是否继续亮。

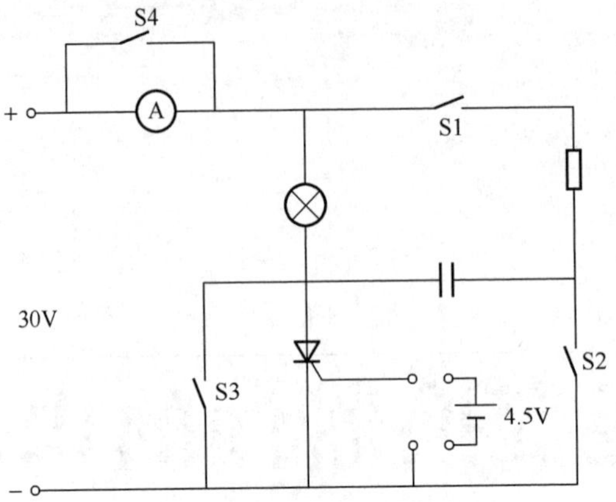

图 1-1　晶闸管导通与关断原理图

2. 晶闸管关断条件实验

（1）接通正 30V 电源，再接通 4.5V 正向门极电压使晶闸管导通，灯泡亮，然后断开门极电压。

（2）去掉 30V 阳极电压，观察灯泡是否亮。

（3）接通 30V 正向阳极电压及正向门极电压使灯亮，然后闭合 S1，断开门极电压。然后接通 S2，看灯泡是否熄灭。

（4）再把晶闸管导通，断开门极电压，然后闭合 S3，再立即打开 S3，观察灯泡是否熄灭。

（5）断开 S4，再使晶闸管导通，断开门极电压。逐渐减小阳极电压，当电流表指针由某值突然降到零时刻值就是被测晶闸管的维持电流。此时若再升高阳极电压，灯泡也不再发亮，说明晶闸管已经关断。

仪器与元件：电气试验台（包含直流稳压电源、元器件及连接导线）、万用表。

## 【相关知识】

晶闸管是晶体闸流管的简称，又叫可控硅。自从 20 世纪 50 年代问世以来已经发展成了一个大的家族，它的应用与我们的生活息息相关，我们家庭中的调光台灯、电动车、变频空调以及我们乘坐的动车组都用到晶闸管，如图 1-2 所示。

晶闸管大家族的主要成员有普通晶闸管、双向晶闸管、光控晶闸管、逆导晶闸管、可关断晶闸管、快速晶闸管等。由于普通晶闸管应用最普遍，本章着重介绍普通晶闸管，其他晶闸管将在有关章节作简要介绍。本书如不特别说明，则所用晶闸管就指普通晶闸管。

### 一、晶闸管的结构和命名

1. 晶闸管的结构

晶闸管（SCR）的外形符号如图 1-3 所示。晶闸管的外形大致有三种：塑封形、螺栓形和平板形。塑封形的多为额定电流 5A 以下，螺栓形的一般为 5A 以上至 200A 以下，平板形的用于 200A 以上。

图 1-2　晶闸管应用举例

晶闸管有三个电极：阳极 A、阴极 K 和控制极（也称门极）G。螺栓形晶闸管有螺栓的一端是阳极，使用时用它固定在散热器上；另一端有两根引线，其中较粗的一根引线是阴极，较细的一根引线是控制极。文字符号为 VT。

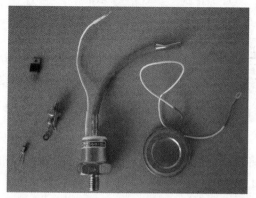
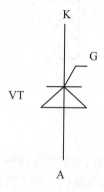

图 1-3　晶闸管的外形及符号

**2. 国产晶闸管的型号命名方法**

国产晶闸管的型号命名（JB1144-75 部颁发标准）主要由四部分组成，各部分的含义如下：

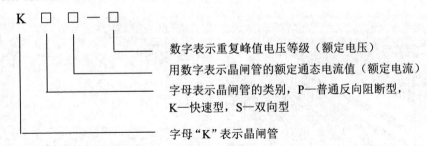

数字表示重复峰值电压等级（额定电压）

用数字表示晶闸管的额定通态电流值（额定电流）

字母表示晶闸管的类别，P—普通反向阻断型，
K—快速型，S—双向型

字母"K"表示晶闸管

例如 KP100—12 表示额定电流为 100A，额定电压为 1200V。KS 为双向管，KK 为快速管。

## 二、晶闸管的工作原理

晶闸管与二极管相同的是都具有单向导电性，电流只能从阳极流向阴极，与二极管不同的是晶闸管具有正向阻断特性，即晶闸管阳极与阴极之间加正向电压时管子不能正向导通，必须在门极和阴极之间加上门极电压，有足够的门极电流后才能使晶闸管正向导通，因此晶闸管是可控整流器件。但是晶闸管一旦导通后门极就失去控制作用，无法通过门极的控制使晶闸管关断，因此晶闸管是半控型整流器件。

晶闸管的内部是由硅半导体材料做成的管芯，如图 1-4（a）所示，管芯是一个圆形薄片，它由 P 型和 N 型半导体组成四层 PNPN 结构，形成三个 PN 结：J1、J2 和 J3。由端面 N 层半导体引出阴极 K，由中间 P 层引出控制极 G，由端面 P 层引出阳极 A，管芯决定晶闸管的性能。

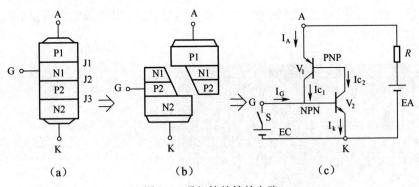

（a）　　　　　　（b）　　　　　　（c）

图 1-4　晶闸管的等效电路

晶闸管的内部等效电路图 1-4（c）所示，可以把晶闸管看成是由一个 PNP 型和一个 NPN 型晶体管连接而成的，连接形式如图 1-4（b）所示。阳极 A 相当于 PNP 型晶体管 $V_1$ 的发射极，阴极 K 相当于 NPN 型晶体管 $V_2$ 的发射极。

当晶闸管阳极承受正向电压，控制极也加正向电压时，晶体管 $V_2$ 处于正向偏置，EC 产生的控制极电流 $I_G$ 就是 $V_2$ 的基极电流 $I_{B2}$，$V_2$ 的集电极电流 $I_{C2}=\beta_2 I_G$。而 $I_{C2}$ 又是晶体管 $V_1$ 的基极电流，$V_1$ 的集电极电流 $I_{C1}=\beta_1 I_{C2}=\beta_1 \beta_2 I_G$（$\beta_1$ 和 $\beta_2$ 分别是 $V_1$ 和 $V_2$ 的电流放大系数）。电流 $I_{C1}$ 又流入 $V_2$ 基极，再一次放大。这样循环下去，形成了强烈的正反馈，使两个晶体管很快达到饱和导通，这就是晶闸管的导通过程。导通后，晶闸管上的压降很小，电源电压几乎全部加在负载上，晶闸管中流过的电流即为负载电流。

晶闸管导通之后，它的导通状态完全依靠管子本身的正反馈作用来维持，即使控制极电流消失，晶闸管仍处于导通状态。因此，控制极的作用仅是触发晶闸管使其导通，导通之后，控制极就失去了控制作用。

要使导通的晶闸管恢复关断状态，可在阳极和阴极间加反向电压或者通过降低阳极的电流，当阳极电流减小到一定数值时，阳极电流会突然降到零，晶闸管恢复关断状态。

通过以上论述，可得出如下结论：

（1）晶闸管的导通条件是在晶闸管的阳极和阴极间加正向电压，同时在它的门极和阴极间也加正向电压，两者缺一不可。

（2）晶闸管一旦导通，门极即失去控制作用，因此门极所加的触发电压一般为脉冲电压。晶闸管从阻断变为导通的过程称为触发导通。门极触发电流一般只有几十毫安到几百毫安，而晶闸管导通后，阳极和阴极之间可以通过几百安、几千安的电流。

（3）晶闸管关断的条件是流过晶闸管的阳极电流 $I_A$ 小于维持电流 $I_H$ 或者是阳极电位低于阴极电位，晶闸管就会自行关断。维持电流是保持晶闸管导通的最小电流。

值得指出的是，上面分析时对晶闸管所加各种电压均在额定电压范围内，如果所加正向电压过高，达到某一数值时，控制极虽未加触发电压，晶闸管也会导通，这就造成"误动作"。如果晶闸管两端加的反向电压过高，达到某一数值时，管子会反向击穿，造成永久性破坏。因此应防止以上情况的出现，使晶闸管正常地工作。

### 三、晶闸管的基本特性

**1. 静态特性**

（1）承受反向电压时，不论门极是否有触发电流，晶闸管都不会导通。

（2）承受正向电压时，仅在门极有触发电流的情况下晶闸管才能导通。

（3）晶闸管一旦导通，门极就失去控制作用。

（4）要使晶闸管关断，只能使晶闸管的电流降到接近于零的某一数值以下。

晶闸管的阳极伏安特性是指晶闸管阳极电流和阳极电压之间的关系曲线，如图 1-5 所示。其中：第 I 象限是正向特性；第 III 象限是反向特性，

$$I_{G2}>I_{G1}>I_G$$

$I_G=0$ 时，器件两端施加正向电压，正向阻断状态，只有很小的正向漏电流流过，正向电压超过临界极限即正向转折电压 $U_{bo}$，则漏电流急剧增大，器件开通。这种开通叫"硬开通"，

一般不允许硬开通；随着门极电流幅值的增大，正向转折电压降低；导通后的晶闸管特性和二极管的正向特性相仿；晶闸管本身的压降很小，在 1V 左右；导通期间，如果门极电流为零，并且阳极电流降至接近于零的某一数值 $I_H$ 以下，则晶闸管又回到正向阻断状态。$I_H$ 称为维持电流。

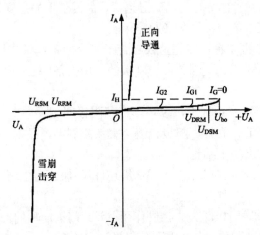

图 1-5　晶闸管阳极伏安特性

晶闸管上施加反向电压时，伏安特性类似二极管的反向特性；阴极是晶闸管主电路与控制电路的公共端；晶闸管的门极触发电流从门极流入晶闸管，从阴极流出，门极触发电流也往往是通过触发电路在门极和阴极之间施加触发电压而产生的。

晶闸管的门极和阴极之间是 PN 结 J3，其伏安特性称为门极伏安特性，如图 1-6 所示。图中 ABCGFED 所围成的区域为可靠触发区；图中阴影部分为不触发区；图中 ABCJIH 所围成的区域为不可靠触发区。为保证可靠、安全的触发，触发电路所提供的触发电压、电流和功率应限制在可靠触发区。

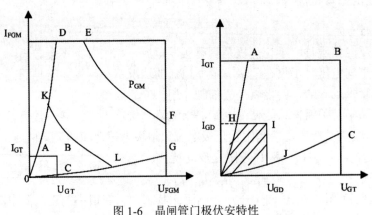

图 1-6　晶闸管门极伏安特性

## 2. 动态特性

晶闸管的动态特性主要是指晶闸管的开通与关断过程，动态特性如图1-7所示。

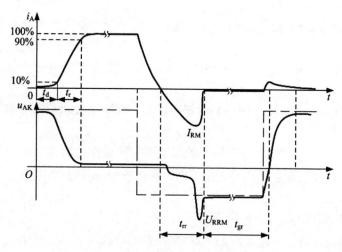

图1-7　晶闸管的开通和关断过程波形

（1）开通过程

开通时间 $t_{gt}$ 包括延迟时间 $t_d$ 与上升时间 $t_r$ ，即

$$t_{gt} = t_d + t_r \qquad (1-1)$$

延迟时间 $t_d$ ：门极电流阶跃时刻开始，到阳极电流上升到稳态值的10%的时间。

上升时间 $t_r$ ：阳极电流从10%上升到稳态值的90%所需的时间。

普通晶闸管延迟时间为0.5～1.5ms，上升时间为0.5～3ms。

（2）关断过程

关断时间 $t_q$ 包括反向阻断恢复时间 $t_{rr}$ 与正向阻断恢复时间 $t_{gr}$ ，即

$$t_q = t_{rr} + t_{gr} \qquad (1-2)$$

普通晶闸管的关断时间约几百微秒。

反向阻断恢复时间 $t_{rr}$ ：正向电流降为零到反向恢复电流衰减至接近于零的时间。

正向阻断恢复时间 $t_{gr}$ ：晶闸管要恢复其对正向电压的阻断能力还需要一段时间。

注：

（1）在正向阻断恢复时间内如果重新对晶闸管施加正向电压，晶闸管会重新正向导通。

（2）实际应用中，应对晶闸管施加足够长时间的反向电压，使晶闸管充分恢复其对正向电压的阻断能力，电路才能可靠工作。

### 四、晶闸管的主要参数

**1. 电压定额**

（1）断态重复峰值电压 $U_{DRM}$ ——在门极断路而结温为额定值时，允许重复加在器件上的正向峰值电压。

（2）反向重复峰值电压 $U_{RRM}$ ——在门极断路而结温为额定值时，允许重复加在器件上的反向峰值电压。

（3）通态（峰值）电压 $U_{TM}$ ——晶闸管通以某一规定倍数的额定通态平均电流时的瞬态峰值电压。

通常取晶闸管的 $U_{DRM}$ 和 $U_{RRM}$ 中较小的标值作为该器件的额定电压。选用时，额定电压要留有一定裕量，一般取额定电压为正常工作时晶闸管所承受峰值电压的 2～3 倍。

**2. 电流定额**

（1）通态平均电流 $I_{T(AV)}$（额定电流）

额定电流——晶闸管在环境温度为 40℃ 和规定的冷却状态下，稳定结温不超过额定结温时所允许流过的最大工频正弦半波电流的平均值。

举例说明：

使用时应按实际电流与通态平均电流有效值相等的原则来选取晶闸管，应留一定的裕量，一般取 1.5～2 倍。

（2）维持电流 $I_H$

使晶闸管维持导通所必需的最小电流。一般为几十到几百毫安，与结温有关，结温越高，则 $I_H$ 越小。

（3）擎住电流 $I_L$

晶闸管刚从断态转入通态并移除触发信号后，能维持导通所需的最小电流。对同一晶闸管来说，通常 $I_L$ 约为 $I_H$ 的 2～4 倍。

（4）浪涌电流 $I_{TSM}$

浪涌电流指由于电路异常情况引起的并使结温超过额定结温的不重复性最大正向过载电流。

**3. 动态参数**

除开通时间 $t_{gt}$ 包括延迟时间 $t_d$ 外，还有：

（1）断态电压临界上升率 $\mathrm{d}u/\mathrm{d}t$

断态电压临界上升率指在额定结温和门极开路的情况下，不导致晶闸管从断态到通态转换的外加电压最大上升率。

在阻断的晶闸管两端施加的电压具有正向的上升率时，相当于一个电容的 J2 结会有充电电流流过，被称为位移电流。此电流流经 J3 结时，起到类似门极触发电流的作用。如果电压上升率过大，使充电电流足够大，就会使晶闸管误导通。

（2）通态电流临界上升率 d$i$/d$t$

通态电流临界上升率指在规定条件下，晶闸管能承受而无有害影响的最大通态电流上升率。

如果电流上升太快，则晶闸管刚开通，便会有很大的电流集中在门极附近的小区域内，从而造成局部过热而使晶闸管损坏。

4. 晶闸管的测试

对于螺栓式和平板式晶闸管可以从外形上分辨出引脚对应的电极，而对于塑封式小功率管（5W 以下）可利用万用表通过测试其正、反向电阻来判断其极性，并简单测试其好坏。

测试方法见表 1-1。

表 1-1　晶闸管的测试方法

| 测试项目 | 测试方法 | 说明 |
|---|---|---|
| 对小功率晶闸管管脚的判别 | 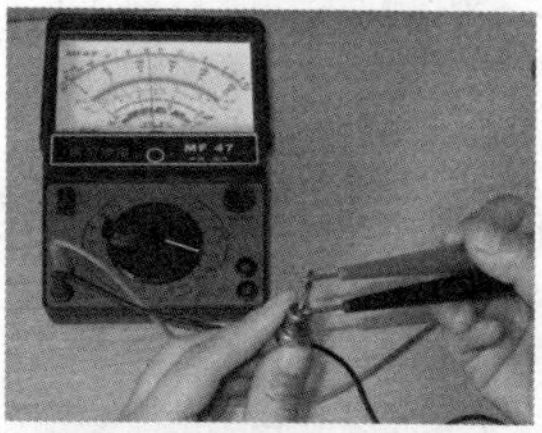 | 如果测得其中两个电极间阻值较小（正向电阻），而反向电阻很大，那么以阻值较小的为准，黑表笔所接的就是门极 G，而红表笔所接的就是阴极 K，另外的电极便是阳极 A；在测试时如果测得的正反向电阻都很大时，应调换管脚再进行测试，直到找到正反向电阻值一大一小的两个电极为止 |
| 对晶闸管好坏的判断 | 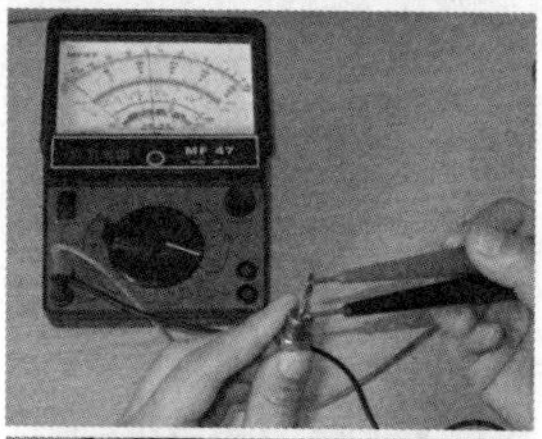 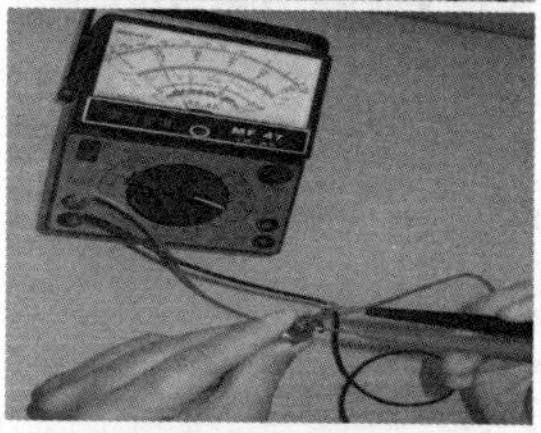 <br>G 与 K 间的正、反向电阻（R×1） 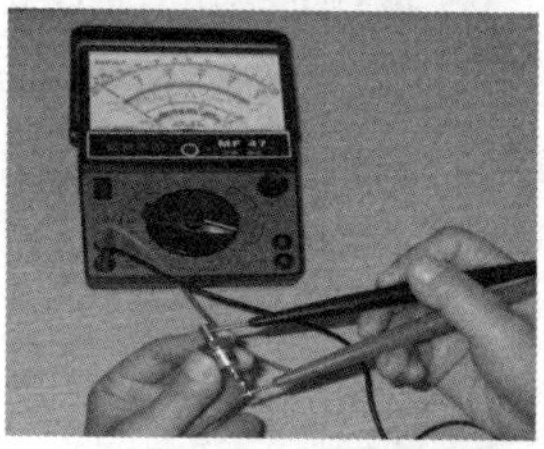<br><br>A 与 K 间的正、反向电阻（或 A 与 G 间的正、反向电阻） | 如果测得阳极 A 与门极 G，阳极 A 与阴极 K 间正反向电阻均很大，而门极 G 与阴极 K 间正反向电阻有差别，说明晶闸管质量良好，否则，晶闸管不能使用 |

### 五、晶闸管的种类

**1. 按关断、导通及控制方式分类**

晶闸管按其关断、导通及控制方式可分为普通晶闸管、双向晶闸管、逆导晶闸管、门极关断晶闸管（GTO）、BTG 晶闸管、温控晶闸管和光控晶闸管等多种。

**2. 按引脚和极性分类**

晶闸管按其引脚和极性可分为二极晶闸管、三极晶闸管和四极晶闸管。

**3. 按封装形式分类**

晶闸管按其封装形式可分为金属封装晶闸管、塑封晶闸管和陶瓷封装晶闸管三种类型。其中，金属封装晶闸管又分为螺栓形、平板形、圆壳形等多种；塑封晶闸管又分为带散热片型和不带散热片型两种。

**4. 按电流容量分类**

晶闸管按电流容量可分为大功率晶闸管、中功率晶闸管和小功率晶闸管三种。通常，大功率晶闸管多采用金属壳封装，而中、小功率晶闸管则多采用塑封或陶瓷封装。

**5. 按关断速度分类**

晶闸管按其关断速度可分为普通晶闸管和高频（快速）晶闸管。

图 1-8 是晶闸管的外形。

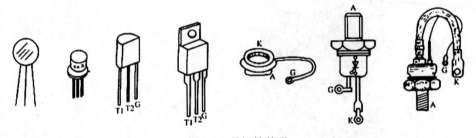

图 1-8　晶闸管外形

### 六、晶闸管的保护

晶闸管的保护电路，大致可以分为两种情况：一种是在适当的地方安装保护器件，例如，RC 阻容吸收回路、限流电感、快速熔断器、压敏电阻或硒堆等。再一种则是采用电子保护电路，检测设备的输出电压或输入电流，当输出电压或输入电流超过允许值时，借助整流触发控制系统使整流桥短时内工作于有源逆变工作状态，从而抑制过电压或过电流的数值。

**1. 晶闸管的过流保护**

晶闸管设备产生过电流的原因可以分为两类：一类是由于整流电路内部原因，如整流晶闸管损坏，触发电路或控制系统有故障等；其中整流桥晶闸管损坏类较为严重，一般是由于晶闸管因过电压而击穿，造成无正、反向阻断能力，它相当于整流桥臂发生永久性短路，使在另外两桥臂晶闸管导通时，无法正常换流，因而产生线间短路引起过电流。另一类则是整流桥负载外电路发生短路而引起的过电流，这类情况时有发生，因为整流桥的负载实质是逆变桥，逆变电路换流失败，就相当于整流桥负载短路。另外，如整流变压器中心点接地，当逆变负载回路接触大地时，也会发生整流桥相对地短路。

（1）对于第一类过流，即整流桥内部原因引起的过流，以及逆变器负载回路接地时，可以采用第一种保护措施，最常见的就是接入快速熔断器的方式，见图 1-9。快速熔断器的接入方式共有三种，其特点和快速熔断器的额定电流见表 1-2。

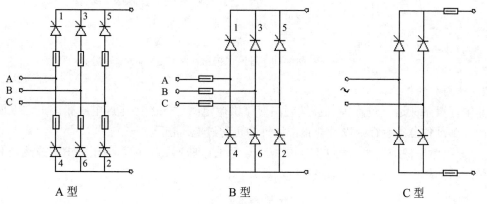

图 1-9 快速熔断器的接入方法

表 1-2 快速熔断器的接入方式、特点和额定电流

| 方式 | 特点 | 额定电流 $I_{RN}$ | 备注 |
|---|---|---|---|
| A 型 | 熔断器与每一个元件串联,能可靠地保护每一个元件 | $I_{RN}<1.57I_T$ | $I_T$: 晶闸管通态平均电流 |
| B 型 | 能在交流、直流和元件短路时起保护作用,其可靠性稍有降低 | $I_{RN}<K_CI_D$ 系数 $K_C$ 见表 1-3 | $K_C$: 交流侧线电流与 $I_D$ 之比 $I_D$: 整流输出电流 |
| C 型 | 直流负载侧有故障时动作,元件内部短路时不能起保护作用 | $I_{RN}<I_D$ | $I_D$: 整流输出电流 |

表 1-3 整流电路型式与系数 $K_C$ 的关系表

| 型式 | | 单相全波 | 单相桥式 | 三相零式 | 三相桥式 | 双 Y 带平衡电抗器 |
|---|---|---|---|---|---|---|
| 系数 $K_C$ | 电感负载 | 0.707 | 1 | 0.577 | 0.816 | 0.289 |
| | 电阻负载 | 0.785 | 1.11 | 0.578 | 0.818 | 0.290 |

（2）对于第二类过流，即整流桥负载外电路发生短路而引起的过电流，则应当采用电子电路进行保护。常见过流保护原理图如图 1-10 所示。

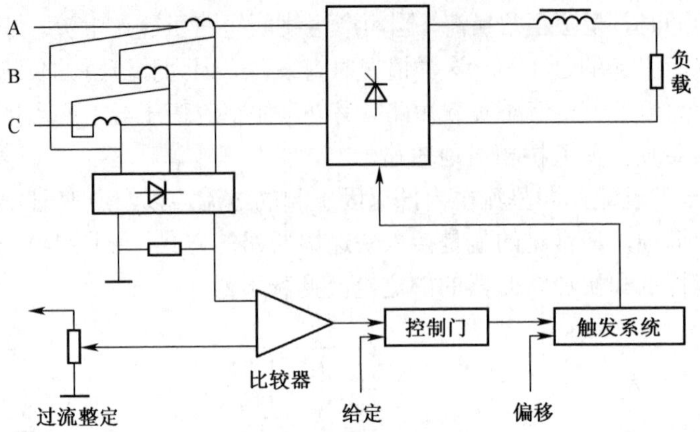

图 1-10  过流保护原理图

2. 晶闸管的过压保护

晶闸管设备在运行过程中，会受到由交流供电电网进入的操作过电压和雷击过电压的侵袭。同时，设备自身运行中以及非正常运行中也有过电压出现。

（1）过电压保护的第一种方法是并接 RC 阻容吸收回路，以及用压敏电阻或硒堆等非线性元件加以抑制。见图 1-11 和图 1-12。

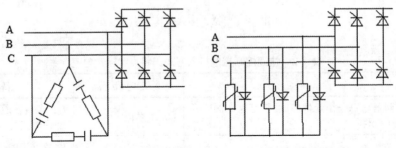

图 1-11  阻容三角抑制过电压　　　　图 1-12  压敏电阻或硒堆抑制过电压

（2）过电压保护的第二种方法是采用电子电路进行保护。常见的电子保护原理如图 1-13 所示。

（3）电流上升率、电压上升率的抑制保护

1）电流上升率 $di/dt$ 的抑制

晶闸管初开通时电流集中在靠近门极的阴极表面较小的区域，局部电流密度很大，然后以 0.1mm/s 的扩展速度将电流扩展到整个阴极面，若晶闸管开通时电流上升率 $di/dt$ 过大，会导致 PN 结击穿，必须限制晶闸管的电流上升率使其在合适的范围内。其有效办法是在晶闸管的阳极回路串联入电感。如图 1-14 所示。

2）电压上升率 $dv/dt$ 的抑制

加在晶闸管上的正向电压上升率 $dv/dt$ 也应有所限制，如果 $dv/dt$ 过大，由于晶闸管结电容的存在而产生较大的位移电流，该电流可以实际上起到触发电流的作用，使晶闸管正向阻断能力下降，严重时引起晶闸管误导通。

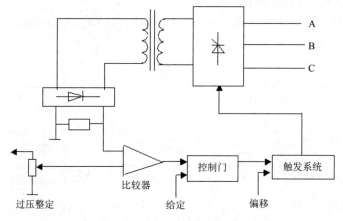

图 1-13    过压保护原理图

为抑制 d$v$/d$t$ 的作用，可以在晶闸管两端并联 RC 阻容吸收回路。如图 1-15 所示。

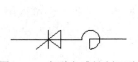

图 1-14    串联电感抑制回路

图 1-15    并联 RC 阻容吸收回路

### 七、晶闸管的串联和并联

对较大型的电力电子装置，当单个电力电子器件的电压或电流定额不能满足要求时，往往需要将电力电子器件串联或并联起来工作，或者将电力电子装置串联或并联起来工作。下面先以晶闸管为例简要介绍电力电子器件串、并联应用时应注意的问题和处理措施，然后概要介绍应用较多的电力 MOSFET 并联以及 IGBT 并联的一些特点。

1. 晶闸管的串联

当晶闸管的额定电压小于实际要求时，可以用两个以上同型号器件相串联。理想的串联希望各器件承受的电压相等，但实际上因器件特性的分散性，即使是标称定额相同的器件之间其特性也会存在差异，一般都会存在电压分配不均匀的问题。

串联的器件流过的漏电流总是相同的，但由于静态伏安特性的分散性，各器件所承受的电压是不等的。如图 1-16（a）所示，两个晶闸管串联，在同一漏电流 $I_R$ 下所承受的正向电压是不同的。若外加电压继续升高，则承受电压高的器件将首先达到转折电压而导通，使另一个器件承担全部电压也导通，两个器件都失去控制作用。同理，反向时，因伏安特性不同而不均压，可能使其中一个器件先反向击穿，另一个随之击穿。这种由于器件静态特性不同而造成的均压问题称为静态不均压问题。

为达到静态均压，首先应选用参数和特性尽量一致的器件，此外可以采用电阻均压，如图 1-16（b）中的 $R_P$，$R_P$ 的阻值应比任何一个器件阻断时的正、反向电阻小得多，这样才能使每个晶闸管分担的电压决定于均压电阻的分压。

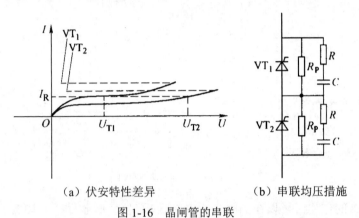

（a）伏安特性差异　　　　　　（b）串联均压措施

图 1-16　晶闸管的串联

类似的，由于器件动态参数和特性的差异造成的不均压问题称为动态不均压问题。为达到动态均压，同样首先应选择动态参数和特性尽量一致的器件，另外，还可以用 RC 并联支路作动态均压，如图 1-16（b）所示。对于晶闸管来讲，采用门极强脉冲触发可以显著减小器件开通时间上的差异。

2. 晶闸管的并联

大功率晶闸管装置中，常用多个器件并联来承担较大的电流。同样，晶闸管并联就会分别因静态和动态特性参数的差异而存在电流分配不均匀的问题。均流不佳，有的器件电流不足，有的过载，有碍提高整个装置的输出，甚至造成器件和装置损坏。

均流的首要措施是挑选特性参数尽量一致的器件，此外还可以采用均流电抗器。同样，用门极强脉冲触发也有助于动态均流。

当需要同时串联和并联晶闸管时，通常采用先串后并的方法连接。

3. 电力 MOSFET 的并联和 IGBT 的并联

电力 MOSFET 的通态电阻 $R_{on}$ 具有正的温度系数，并联使用时具有一定的电流自动均衡的能力，因而并联使用比较容易。但也要注意选用通态电阻 $R_{on}$、开启电压 $U_T$、跨导 $G_{fs}$ 和输入电容 $C_{iss}$ 尽量相近的器件并联；并联的电力 MOSFET 及其驱动电路的走线和布局应尽量做到对称，散热条件也要尽量一致；为了更好地动态均流，有时可以在源极电路中串入小电感，起到均流电抗器的作用。

IGBT 的通态压降一般在 1/2～1/3 额定电流以下的区段具有负的温度系数，在以上的区段则具有正的温度系数，因而 IGBT 在并联使用时也具有一定的电流自动均衡能力，与电力

MOSFET 类似，易于并联使用。当然，不同的 IGBT 产品其正、负温度系数的具体分界点不一样。实际并联使用 IGBT 时，在器件参数和特性选择、电路布局和走线、散热条件等方面也应尽量一致。不过，近年来许多厂家的最新 IGBT 产品的特性一致性非常好，并联使用时只要是同型号和批号的产品都不必再进行特性一致性挑选。

## 【知识拓展】电力二极管

电力二极管又称功率二极管（Power Diode），常作为整流元件，属于不可控型器件，它不能用控制信号控制其导通和关断，只能由加在元件阳极和阴极上电压的极性控制其通断。它可用于不需要调压的整流、感性负载的续流以及用作限幅、钳位、稳压等。功率二极管还有许多派生器件，如快恢复二极管、肖特基整流二极管等。

### 一、功率二极管的结构和工作原理

1．元件结构、电气符号和外形

（1）元件结构和电气符号。普通功率二极管的内部由一个面积较大的 PN 结和两端的电极及引线封装构成。在 PN 结的 P 型端引出的电极称为阳极 A，在 N 型端引出的电极称为阴极 K。功率二极管的结构和电气符号如图 1-17 所示。

（a）功率二极管的结构　　　　（b）功率二极管的电气符号

图 1-17　功率二极管的结构和电气符号

（2）元件外形。功率二极管主要有螺栓型和平板型两种外形结构，如图 1-18 所示。一般而言，额定电流 200A 以下的器件多数采用螺栓型，200A 以上的器件则多数采用平板型。

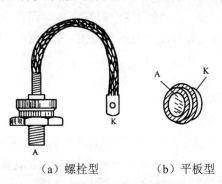

（a）螺栓型　　　　（b）平板型

图 1-18　功率二极管的外形

若将几个功率二极管封装在一起，则组成模块式结构。

2. 工作原理

功率二极管的工作原理和普通二极管一样，当二极管处于正向电压作用时，PN 结导通，正向管压降很小；当二极管处于反向电压作用时，PN 结截止，仅有极小的漏电流流过二极管，我们在这里不再展开叙述。

## 二、功率二极管的伏安特性

功率二极管的伏安特性是指功率二极管阳阴极间所加的电压与流过阳阴极间电流的关系特性。功率二极管的伏安特性曲线如图 1-19 所示。

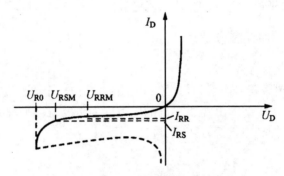

图 1-19　功率二极管的伏安特性曲线

功率二极管的伏安特性曲线位于第 I 象限和第 III 象限。

（1）第 I 象限为正向特性区，表明正向导通状态。当所加正向阳极电压小于门坎电压时，二极管只流过很小的正向电流；当正向阳极电压大于门坎电压时，正向电流急剧增加，此时阳极电流的大小完全由外电路决定，二极管呈现低阻态，其管压降大约为 0.6V。

（2）第 III 象限为反向特性区，表明反向阻断状态。当二极管加上反向阳极电压时，开始只有极小的反向漏电流，管子呈现高阻态。随着反向电压的增加，反向电流有所增大。当反向电压增大到一定程度时，漏电流就会急剧增加而管子被击穿。击穿后的二极管若为开路状态，则管子两端电压为电源电压；若二极管击穿成短路状态，则管子电压将很小，而电流却较大，如图 1-19 中虚线所示。所以必须对反向电压及电流加以限制，否则二极管将被击穿而损坏。其中 $U_{R0}$ 为反向击穿电压。

## 三、功率二极管的主要参数

1. 正向平均电流 $I_{dD}$（额定电流）

功率二极管的正向平均电流 $I_{dD}$ 是指在规定的环境温度和标准散热条件下，管子允许长期通过的最大工频半波电流的平均值。元件标称的额定电流就是这个电流。实际应用中，功率二极管所流过的最大有效值电流为 $I_{DM}$，则其额定电流一般选择为：

项目一

$$I_{dD} \geqslant (1.5 \sim 2) I_{DM}/1.57$$

式中的系数 1.5～2 是安全系数。

2. 正向压降 $U_D$（管压降）

正向压降 $U_D$ 是指在规定温度下，流过某一稳定正向电流时所对应的正向压降。

3. 反向重复峰值电压 $U_{RRM}$（额定电压）

在额定结温条件下，元件反向伏安特性曲线的转折处对应的反向电压称为反向不重复峰值电压 $U_{RSM}$，$U_{RSM}$ 的 80% 称为反向重复峰值电压 $U_{RRM}$（额定电压），它是功率二极管能重复施加的反向最高电压。一般在选用功率二极管时，以其在电路中可能承受的反向峰值电压的两倍来选择额定电压。

4. 反向恢复时间

反向恢复时间是指功率二极管从正向电流降至零起到恢复反向阻断能力为止的时间。

### 四、电力二极管的主要类型

电力二极管在许多电力电子电路中都有广泛的应用。在后面的项目学习中将会看到，电力二极管可以在交流－直流变换电路中作为整流元件，也可以在电感元件的电能需要适当释放的电路中作为续流元件，还可以在各种变流电路中作为电压隔离、钳位或保护元件。在应用时，应根据不同场合的不同要求，选择不同类型的电力二极管。下面按照正向压降、反向耐压、反向漏电流等性能，特别是反向恢复特性的不同，介绍几种常用的电力二极管。

1. 普通二极管

普通二极管又称整流二极管，多用于开关频率不高（1kHz 以下）的整流电路中。其反向恢复时间较长，一般在 5μs 以上，这在开关频率不高时并不重要，在参数表中甚至不列出这一参数。但其正向电流定额和反向电压定额却可以达到很高，分别可达数千安和数千伏以上。

2. 快恢复二极管

恢复过程很短，特别是反向恢复过程很短（一般在 5μs 以下）的二极管被称为快恢复二极管，简称快速二极管。工艺上多采用了掺金措施，结构上有的仍采用 PN 结型结构，但大都采用对此加以改进的 PiN 结构。特别是采用外延型 PiN 结构的所谓快恢复外延二极管，其反向恢复时间更短（可低于 50ns），正向压降也很低（0.9V 左右）。不管是什么结构，快恢复二极管从性能上可分为快速恢复和超快速恢复两个等级。前者反向恢复时间为数百纳秒或更长，后者则在 100ns 以下，甚至达到 20～30ns。

3. 肖特基二极管

以金属和半导体接触形成的势垒为基础的二极管称为肖特基势垒二极管，简称为肖特基二极管。肖特基二极管属于多子器件，在信息电子电路中早就得到了应用，但直到 20 世纪 80 年代以来，由于工艺的发展才得以在电力电子电路中广泛应用。与以 PN 结为基础的电力二极管相比，肖特基二极管的优点在于：反向恢复时间很短（10～40ns），正向恢复过程中也不会有明显的电压过冲；在反向耐压较低的情况下其正向压降也很小，明显低于快恢复二极管。因此，其开关损耗和正向导通损耗都比快速二极管还要小，效率高。肖特基二极管的弱点在于：当所能承受的反向耐压提高时其正向压降也会高得不能满足要求，因此多用于 200V 以下的低压场合；反向漏电流较大且对温度敏感，因此反向稳态损耗不能忽略，而且必须更严格地限制其工作温度。

## 【任务实施】晶闸管识别与基本测试

### 一、实训目标

（1）能认识晶闸管的外形结构。
（2）能辨识晶闸管的型号。
（3）会鉴别晶闸管的好坏。
（4）会检测晶闸管的触发能力。
（5）能检测晶闸管的导通及关断条件。

### 二、实训场所及器材

地点：应用电子技术实训室。
器材：操作台、万用表及装配工具。

### 三、实训步骤

**1. 晶闸管的外形结构认识**

观察晶闸管结构，认真查看并记录元器件管身上的有关信息，包括型号、电压、电流、结构类型等。

**2. 鉴别晶闸管好坏**

如图 1-20 所示，将万用表置于 R×1 位置，用表笔测量 G、K 之间的正反向电阻，阻值应为几欧～几十欧。一般黑表笔接 G，红表笔接 K 时阻值较小。由于晶闸管芯片一般采用短路发射极结构（即相当于在门极与阴极之间并联了一个小电阻），所以正反向阻值差别不大，即使测出正反向阻值相等也是正常的。接着将万用表调至 R×10k 档，测量 G、A 与 K、A 之间的阻值，无论黑表笔与红表笔怎样调换测量，阻值均应为无穷大，否则，说明管子已经损坏。

**3. 检测晶闸管的触发能力**

检测电路如图 1-21 所示。外接一个 4.5V 电池组，将电压提高到 6～7.5V（万用表内装电池不同）。将万用表置于 0.25～1A 挡，为保护表头，可串入一只 R=4.5V/I 挡 Ω 的电阻（其中：I 挡为所选择万用表量程的电流值）。

电路接好后，在 S 处于断开位置时，万用表指针不动；然后闭合 S（S 可用导线代替），使门极加上正向触发电压，此时，万用表指针应明显向右偏，并停在某一电流位置，表明晶闸管已经导通。接着断开开关 S，万用表指针应不动，说明晶闸管触发性能良好。

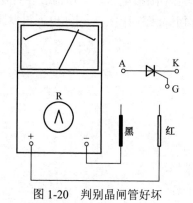

图 1-20　判别晶闸管好坏

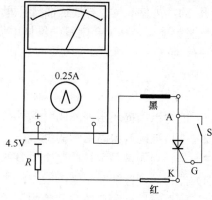

图 1-21　检测晶闸管触发能力

**4. 检测晶闸管的导通条件**

检测电路如图 1-22 所示。首先将 S1～S3 断开，闭合 S4，加上 30V 正向阳极电压，然后让门极开路或接 –4.5V 电压，观看晶闸管是否导通，灯泡是否亮。

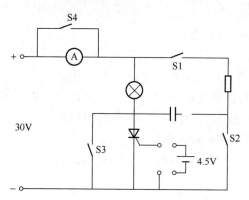

图 1-22　晶闸管导通与关断条件实验电路

加 30V 反向阳极电压，门极开路、接 –4.5V 或接 +4.5V 电压，观察晶闸管是否导通，灯泡是否亮。

阳极、门极都加正向电压，观看晶闸管是否导通，灯泡是否亮。

灯亮后去掉门极电压，看灯泡是否亮；再加 –4.5V 反向门极电压，看灯泡是否继续亮。

**5. 检测晶闸管关断条件**

接通正 30V 电源，再接通 4.5V 正向门极电压使晶闸管导通，灯泡亮，然后断开门极电压。

去掉 30V 阳极电压，观察灯泡是否亮。

接通 30V 正向阳极电压及正向门极电压使灯亮，然后闭合 S1，断开门极电压。然后接通 S2，看灯泡是否熄灭。

再把晶闸管导通，断开门极电压，然后闭合 S3，再立即打开 S3，观察灯泡是否熄灭。

断开 S4，再使晶闸管导通，断开门极电压。逐渐减小阳极电压，当电流表指针由某值突然降到零时刻值就是被测晶闸管的维持电流。此时若再升高阳极电压，灯泡也不再发亮，说明晶闸管已经关断。

### 四、任务考核方法

（1）能否准确描述实训晶闸管的外部特征。
（2）能否准确辨识晶闸管的型号。
（3）是否会测量晶闸管并判定质量的好坏。
（4）能否顺利检测晶闸管的触发能力。
（5）能否通过检测总结晶闸管的导通及关断条件。

# 任务二　认识全控型电力电子器件

## 【任务描述】

任务情境：检测可关断晶闸管的通断

判断 GTO 的电极：将万用表拨至 R×1 挡，测量任意两脚间的电阻，仅当黑表笔接 G 极，红表笔接 K 时，电阻呈低阻值，其他情况下电均为无穷大。

检查触发能力：万用表黑表笔接 A 极，红表笔接 K 极，电阻为无穷大，然后用黑表笔尖在不断开 A 极的同时接触 G 极，表针向右偏转到低阻值，即表明 GTO 已经导通，脱开 G 极，只要 GTO 维持导通，就证明被测管具有触发能力。

仪器与元件：电气试验台（包含直流稳压电源、元器件及连接导线）、万用表。

## 【相关知识】

从 20 世纪 70 年代后期开始，可关断晶闸管（GTO）、电力晶体管（GTR 或 BJT）及其模块相继实用化。此后，各种高频率的全控型器件不断问世，并得到迅速发展。这些器件的产生和发展，形成了一个新型的全控电力电子器件的大家族。

### 一、电力晶体管

电力晶体管也叫电力双极型晶体管（GTR）是一种耐高压、能承受大电流的双极晶体管，也称为 BJT，它与晶闸管不同，具有线性放大特性，但在电力电子应用中却工作在开关状态，从而减小功耗。GTR 可通过基极控制其开通和关断，是典型的自关断器件。

1. 电力晶体管的结构及基本原理

电力晶体管有与一般双极型晶体管相似的结构、工作原理和特性。它们都是 3 层半导体，2 个 PN 结的三端器件，有 PNP 和 NPN 这 2 种类型，但 GTR 多采用 NPN 型。GTR 的结构、电气符号和基本工作原理，如图 1-23 所示。

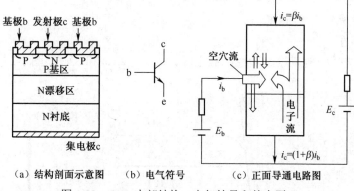

（a）结构剖面示意图　（b）电气符号　　（c）正面导通电路图

图 1-23　GTR 内部结构、电气符号和基本原理

在应用中，GTR 一般采用共发射极接法，如图 1-23（c）所示。集电极电流 $i_c$ 与基极电流 $i_b$ 的比值为

$$\beta=i_c/i_b \tag{1-3}$$

式中，$\beta$ 称为 GTR 的电流放大系数，它反映出基极电流对集电极电流的控制能力。产品说明书中通常给直流电流增益 $h_{FE}$——在直流工作情况下集电极电流与基极电流之比。一般可认为 $\beta\approx\beta h_{FE}$。单管 GTR 的值比小功率的晶体管小得多，通常为 10 左右，采用达林顿接法可有效增大电流增益。

在考虑集电极和发射极之间的漏电流时，

$$i_c=\beta i_b+I_{ceo} \tag{1-4}$$

**2．电力晶体管的分类**

目前常用的电力晶体管分为单管、达林顿管和模块这 3 种类型。

**（1）单管电力晶体管**

NPN 三重扩散台面型结构是单管电力晶体管的典型结构，这种结构可靠性高，能改善器件的二次击穿特性，易于提高耐压能力，并易于散出内部热量。

**（2）达林顿电力晶体管**

达林顿结构的电力晶体管是由 2 个或多个晶体管复合而成，可以是 PNP 型也可以是 NPN 型，其性质取决于驱动管，它与普通复合三极管相似。达林顿结构的电力晶体管电流放大倍数很大，可以达到几十至几千倍。虽然达林顿结构大大提高了电流放大倍数，但其饱和管压降却增加了，增大了导通损耗，同时降低了管子的工作速度。

**（3）电力晶体管模块**

目前作为大功率开关应用的还是电力晶体管模块，它是将电力晶体管管芯及为了改善性能的 1 个元件组装成 1 个单元，然后根据不同的用途将几个单元电路构成模块，集成在同一硅片上。这样，大大提高了器件的集成度、工作的可靠性和性能/价格比，同时也实现了小型轻量化。目前生产的电力晶体管模块，可将多达 6 个相互绝缘的单元电路制在同一个模块内，便于组成三相桥电路。

3. 电力晶体管的基本特性

（1）静态特性

共发射极接法时的典型输出特性：截止区、放大区和饱和区，如图 1-24 所示。

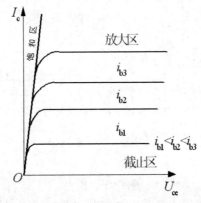

图 1-24　共发射极接法时 GTR 的输出特性

在电力电子电路中 GTR 工作在开关状态，即工作在截止区或饱和区。

在开关过程中，即在截止区和饱和区之间过渡时，要经过放大区。

（2）动态特性

GTR 开通和关断时的动态特性如图 1-25 所示。

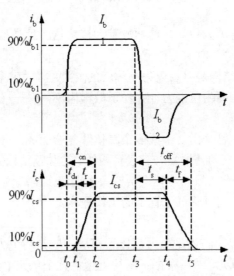

图 1-25　GTR 的开通和关断过程电流波形

1）开通过程

延迟时间 $t_d$ 和上升时间 $t_r$，二者之和为开通时间 $t_{on}$。

$t_d$ 主要是由发射结势垒电容和集电结势垒电容充电产生的。增大 $i_b$ 的幅值并增大 $di_b/dt$，可缩短延迟时间，同时可缩短上升时间，从而加快开通过程。

2）关断过程

储存时间 $t_s$ 和下降时间 $t_f$，二者之和为关断时间 $t_{off}$。

$t_s$ 是用来除去饱和导通时储存在基区的载流子的，是关断时间的主要部分。

减小导通时的饱和深度以减小储存的载流子，或者增大基极抽取负电流 $I_{b2}$ 的幅值和负偏压，可缩短储存时间，从而加快关断速度。

负面作用会使集电极和发射极间的饱和导通压降 $U_{ces}$ 增加，从而增大通态损耗。

**4. 电力晶体管的主要参数**

（1）电压参数

1）最高电压额定值

最高集电极电压额定值是指集电极的击穿电压值，它不仅因器件不同而不同，而且会因外电路接法不同而不同。击穿电压有：

$BU_{CBO}$ 为发射极开路时，集电极-基极的击穿电压。

$BU_{CEO}$ 为基极开路时，集电极-发射极的击穿电压。

$BU_{CES}$ 为基极-射极短路时，集电极-发射极的击穿电压。

$BU_{CER}$ 为基极-发射极间并联电阻时，集电极-发射极的击穿电压。并联电阻越小，其值越高。

$BU_{CEX}$ 为基极-发射极施加反偏压时，集电极-发射极的击穿电压。

各种不同接法时的击穿电压的关系如下：

$$BU_{CBO}>BU_{CEX}>BU_{CES}>BU_{CER}>BU_{CEO}$$

为了保证器件工作安全，电力晶体管的最高工作电压 $U_{CEM}$ 应比最小击穿电压 $BU_{CEO}$ 低。

2）饱和压降 $U_{CES}$

处于深饱和区的集电极电压称为饱和压降，在大功率应用中它是一项重要指标，因为它关系到器件导通的功率损耗。单个电力晶体管的饱和压降一般不超过 1～1.5V，它随集电极电流 $I_{CM}$ 的增加而增大。

（2）电流参数

1）集电极连续直流电流额定值 $I_C$

集电极连续直流电流额定值是指只要保证结温不超过允许的最高结温，晶体管允许连续通过的直流电流值。

2）集电极最大电流额定值 $I_{CM}$

集电极最大电流额定值是指在最高允许结温下，不造成器件损坏的最大电流。超过该额定值必将导致晶体管内部结构的烧毁。在实际使用中，可以利用热容量效应，根据占空比来增大连续电流，但不能超过峰值额定电流。

3）基极电流最大允许值 $I_{BM}$

基极电流最大允许值比集电极最大电流额定值要小得多，通常 $I_{BM}=(1/10～1/2)I_{CM}$，基极发射极间的最大电压额定值通常只有几伏。

（3）其他参数

1）最高结温 $T_{JM}$

最高结温是指正常工作时不损坏器件所允许的最高温度。它由器件所用的半导体材料、制造工艺、封装方式及可靠性要求来决定。塑封器件一般为 120℃～150℃，金属封装为 150℃～170℃。为了充分利用器件功率而又不超过允许结温，电力晶体管使用时必须选配合适的散热器。

2）最大额定功耗 $P_{CM}$

最大额定功耗是指电力晶体管在最高允许结温时，所对应的耗散功率。它受结温限制，其大小主要由集电结工作电压和集电极电流的乘积决定。一般是在环境温度为 25℃ 时测定，如果环境温度高于 25℃，允许的 $P_{CM}$ 值应当减小。由于这部分功耗全部变成热量使器件结温升高，因此散热条件对电力晶体管的安全可靠十分重要，如果散热条件不好，器件就会因温度过高而烧毁；相反，如果散热条件越好，在给定的范围内允许的功耗也越高。

（4）二次击穿与安全工作区

1）二次击穿现象

二次击穿是电力晶体管突然损坏的主要原因之一，成为影响其是否安全可靠使用的一个重要因素。前述的集电极-发射极击穿电压值 $BU_{CEO}$ 是一次击穿电压值，一次击穿时集电极电流急剧增加，如果有外加电阻限制电流的增长，则一般不会引起电力晶体管特性变坏。但不加以限制，就会导致破坏性的二次击穿。二次击穿是指器件发生一次击穿后，集电极电流急剧增加，在某电压电流点将产生向低阻抗高速移动的负阻现象。一旦发生二次击穿就会使器件受到永久性损坏。

2）安全工作区（SOA）

电力晶体管在运行中受电压、电流、功率损耗和二次击穿等额定值的限制。为了使电力晶体管安全可靠地运行，必须使其工作在安全工作区范围内。安全工作区是由电力晶体管的二次击穿功率 $P_{SB}$、集射极最高电压 $U_{CEM}$、集电极最大电流 $I_{CM}$ 和集电极最大耗散功率 $P_{CM}$ 等参数限制的区域，如图1-26的阴影部分所示。

安全工作区是在一定的温度下得出的，例如环境温度 25℃ 或管子壳温 75℃ 等。使用时，如果超出上述指定的温度值，则允许功耗和二次击穿耐能都必须降低额定值使用。

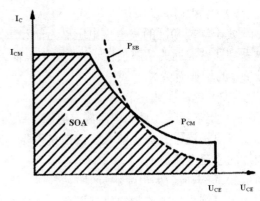

图1-26　GTR 的安全工作区

5. 电力晶体管的驱动电路

（1）GTR 驱动电路的设计要求

GTR 基极驱动方式直接影响其工作状态，可使某些特性参数得到改善或变坏，例如，过驱动加速开通，减少开通损耗，但对关断不利，增加了关断损耗。驱动电路有无快速保护功能，则是 GTR 在过压、过流后是否损坏的重要条件。GTR 的热容量小，过载能力差，采用快速熔断器和过电流继电器是根本无法保护 GTR 的。因此，不再用切断主电路的方法，而是采用快速切断基极控制信号的方法进行保护。这就将保护措施转化成如何及时准确地测到故障状态和如何快速可靠地封锁基极驱动信号这 2 个方面的问题。

1）设计基极驱动电路考虑的因素

设计基极驱动电路必须考虑的 3 个方面：优化驱动特性、驱动方式和自动快速保护功能。

①优化驱动特性

优化驱动特性就是以理想的基极驱动电流波形去控制器件的开关过程，保证较高的开关速度，减少开关损耗。优化的基极驱动电流波形与 GTO 门极驱动电流波形相似。

②驱动方式

驱动方式按不同情况有不同的分类方法。在此处，驱动方式是指驱动电路与主电路之间的连接方式，它有直接和隔离 2 种驱动方式：直接驱动方式分为简单驱动、推挽驱动和抗饱和驱动等形式；隔离驱动方式分为光电隔离和电磁隔离形式。

③自动快速保护功能

在故障情况下，为了实现快速自动切断基极驱动信号以免 GTR 遭到损坏，必须采用快速保护措施。保护的类型一般有抗饱和、退抗饱和、过流、过压、过热和脉冲限制等。

2）基极驱动电路

GTR 的基极驱动电路有恒流驱动电路、抗饱和驱动电路、固定反偏互补驱动电路、比例驱动电路、集成化驱动电路等多种形式。恒流驱动电路是指使 GTR 的基极电流保持恒定，不随集电极电流变化而变化。抗饱和驱动电路也称为贝克箝位电路，其作用是让 GTR 开通时处于准饱和状态，使其不进入放大区和深饱和区，关断时，施加一定的负基极电流有利于减小关断时间和关断损耗。固定反偏互补驱动电路是由具有正、负双电源供电的互补输出电路构成的，当电路输出为正时，GTR 导通；当电路输出为负时，发射结反偏，基区中的过剩载流子被迅速抽出，管子迅速关断。比例驱动电路是使 GTR 的基极电流正比于集电极电流的变化，保证在不同负载情况下，器件的饱和深度基本相同。集成化驱动电路克服了上述电路元件多、电路复杂、稳定性差、使用不方便等缺点。具有代表性的器件是 THOMSON 公司的 UAA4003 和三菱公司的 M57215BL。

GTR 的驱动电路种类很多，下面介绍一种分立元件 GTR 的驱动电路，如图 1-27 所示。电路由电气隔离和晶体管放大电路两部分构成。电路中的二极管 $VD_2$ 和电位补偿二极管 $VD_3$ 组成贝克箝位抗饱和电路，可使 GTR 导通时处于临界饱和状态。当负载轻时，如果 $V_5$ 的发射极电流全部注入 V，会使 V 过饱和，关断时退饱和时间延长。有了贝克电路后，当 V 过饱和使得集电极电位低于基极电位时，$VD_2$ 就会自动导通，使得多余的驱动电流流入集电极，维持 $U_{bc} \approx 0$。这样，就使得 V 导通时始终处于临界饱和。图中的 $C_2$ 为加速开通过程的电容，开通时，$R_5$ 被 $C_2$ 短路。这样就可以实现驱动电流的过冲，同时增加前沿的陡度，加快开通。另外，在 $V_5$ 导通时 $C_2$ 充电，充电的极性为左正右负，为 GTR 的关断做准备。当 $V_5$ 截止 $V_6$ 导通时，$C_2$ 上的充电电压为 V 管的发射结施加反电压，从而 GTR 迅速关断。

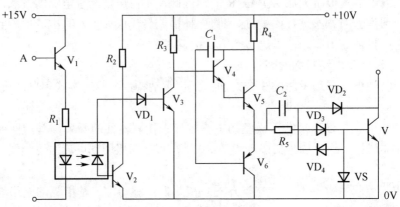

图 1-27　分立元件 GTR 的驱动电路

GTR 集成驱动电路种类很多，下面简单介绍几种情况：

HL202 是国产双列直插、20 引脚 GTR 集成驱动电路，内有微分变压器实现信号隔离，贝克箝位退饱和、负电源欠压保护。工作电源电压为 +8～+10V 和 -5.5V～-7V，最大输出电流大于 2.5A，可以驱动 100A 以下的 GTR。

UAA4003 是双列直插、16 引脚 GTR 集成驱动电路，可以对被驱动的 GTR 实现最优驱动和完善保护，保证 GTR 运行于临界饱和的理想状态，自身具有 PWM 脉冲形成单元，特别适用于直流斩波器系统。

M57215BL 是双列直插、8 引脚 GTR 集成驱动电路，单电源自生负偏压工作，可以驱动 50A，1000V 以下的 GTR 模块的一个单元；外加功率放大可以驱动 75～400A 以上 GTR 模块。

### 二、可关断晶闸管（Gate-Turn-Off Thyristor，GTO）

可关断晶闸管如图 1-28 所示，是晶闸管的一种派生器件，具有普通晶闸管的全部优点，如耐压高、电流大等。同时它又是全控器件，具有门极正信号触发导通、门极负信号触发关断的特性。GTO 在兆瓦级以上的大功率场合仍有较多应用，如广泛应用于电力机车的逆变器、大功率直流斩波器调速装置中，如图 1-29 所示。

1. 可关断晶闸管的结构和工作原理

（1）GTO 的结构

GTO 与晶闸管类似，都是 PNPN 四层半导体器件，引出的三个极分别是阳极、阴极和门极。但其内部则包含有数百个共阴极的小 GTO（GTO 元），每个 GTO 元也是 PNPN 四层结构，如图 1-30 所示。在器件内部所有 GTO 元的阴极、门极分别并联在一起，可以看出 GTO 是一种多元的功率集成器件。GTO 的开通、关断过程与每一个 GTO 元有关。

图 1-28    可关断晶闸管

图 1-29    GTO 在牵引电力机车和斩波器中的应用

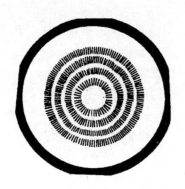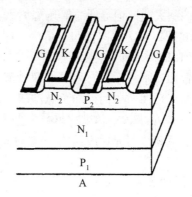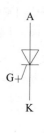

（a）各单元的阴极、门极间隔    （b）并联单元结构断面    （c）电气图形符号
　　　排列的图形　　　　　　　　　　示意图

图 1-30    GTO 的内部结构和电气图形符号

图 1-30（a）为 GTO 芯片的实际图形，其阴极是由数百个细长的小条组成，每个小阴极均被门极所包围。图 1-30（b）为 GTO 的立体结构图，表示 GTO 的阴极、阳极和门极的形成。图 1-30（c）为 GTO 的电气图形符号，是在普通晶闸管的门极上加一短线。

（2）GTO 的工作原理

与普通晶闸管一样，可以用图 1-31 所示的双晶体管模型来分析。

$$\alpha_1 + \alpha_2 = 1$$

是器件临界导通的条件。当 $\alpha_1 + \alpha_2 > 1$ 时，两个等效晶体管过饱和而使器件导通；当 $\alpha_1 + \alpha_2 < 1$ 时，不能维持饱和导通而关断。

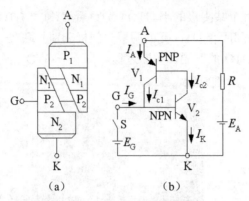

图 1-31　GTO 的双晶体管模型

GTO 能够通过门极关断的原因是其与普通晶闸管有如下区别：

1）设计 $\alpha_2$ 较大，使晶体管 $V_2$ 控制灵敏，易于 GTO 关断。

2）导通时 $\alpha_1 + \alpha_2$ 更接近 1（≈1.05，普通晶闸管 $\alpha_1 + \alpha_2 \geqslant 1.15$）导通时饱和不深，接近临界饱和，有利门极控制关断，但导通时管压降增大。

3）多元集成结构使 GTO 元阴极面积很小，门、阴极间距大为缩短，使得 $P_2$ 基区横向电阻很小，能从门极抽出较大电流。

导通过程：与普通晶闸管一样，只是导通时饱和程度较浅；

关断过程：强烈正反馈——门极加负脉冲即从门极抽出电流，则 $I_{b2}$ 减小，使 $I_K$ 和 $I_{C2}$ 减小，$I_{C2}$ 的减小又使 $I_A$ 和 $I_{C1}$ 减小，又进一步减小 $V_2$ 的基极电流。当 $I_A$ 和 $I_K$ 的减小使 $\alpha_1 + \alpha_2 < 1$ 时，器件退出饱和而关断，多元集成结构还使 GTO 比普通晶闸管开通过程快，承受 $di/dt$ 能力强。

**2. 可关断晶闸管的主要特性**

开通过程：与普通晶闸管类似，需经过延迟时间 $t_d$ 和上升时间 $t_r$。

关断过程：与普通晶闸管有所不同。

抽取饱和导通时储存的大量载流子——储存时间 $t_s$，使等效晶体管退出饱和。

等效晶体管从饱和区退至放大区，阳极电流逐渐减小——下降时间 $t_f$。

残存载流子复合——尾部时间 $t_t$。

通常 $t_f$ 比 $t_s$ 小得多，而 $t_t$ 比 $t_s$ 要长；

门极负脉冲电流幅值越大，前沿越陡，抽走储存载流子的速度越快，$t_s$ 越短；

门极负脉冲的后沿缓慢衰减，在 $t_t$ 阶段仍保持适当负电压，则可缩短尾部时间。

**3. 可关断晶闸管的主要参数**

GTO 的许多参数和普通晶闸管相应的参数意义相同，以下只介绍意义不同的参数。

（1）开通时间 $t_{on}$：延迟时间与上升时间之和。延迟时间一般约 1～2ms，上升时间则随通态阳极电流值的增大而增大，如图 1-32 所示。

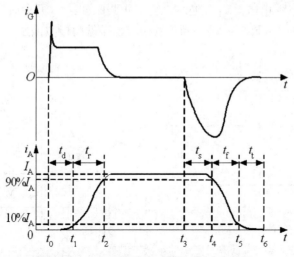

图 1-32　GTO 的开通和关断过程电流波形

（2）关断时间 $t_{off}$：一般指储存时间和下降时间之和，不包括尾部时间。GTO 的储存时间随阳极电流的增大而增大，下降时间一般小于 2ms。

不少 GTO 都制造成逆导型，类似于逆导晶闸管，需承受反压时，应和电力二极管串联。

（3）最大可关断阳极电流 $I_{ATO}$：GTO 的额定电流。

（4）电流关断增益 $\beta_{off}$：最大可关断阳极电流与门极负脉冲电流最大值 $I_{GM}$ 之比称为电流关断增益

$$\beta_{off} = \frac{I_{ATO}}{I_{GM}} \tag{1-5}$$

$\beta_{off}$ 一般很小，只有 5 左右，这是 GTO 的一个主要缺点。1000A 的 GTO 关断时门极负脉冲电流峰值要 200A。

**4. 可关断晶闸管的驱动电路**

GTO 的开通控制与普通晶闸管相似，但对脉冲前沿的幅值和陡度要求高，且一般需在整个导通期间施加正门极电流。

使 GTO 关断需施加负门极电流，对其幅值和陡度的要求更高，关断后还应在门阴极施加约 5V 的负偏压以提高抗干扰能力。推荐的 GTO 门极电压电流波形如图 1-33 所示。

驱动电路通常包括开通驱动电路、关断驱动电路和门极反偏电路三部分，可分为脉冲变压器耦合式和直接耦合式两种类型。

直接耦合式驱动电路可避免电路内部的相互干扰和寄生振荡，可得到较陡的脉冲前沿，因此目前应用较广，但其功耗大，效率较低。

典型的直接耦合式 GTO 驱动电路如图 1-34 所示。

二极管 $VD_1$ 和电容 $C_1$ 提供+5V 电压；$VD_2$、$VD_3$、$C_2$、$C_3$ 为倍压整流电路提供+15V 电压；

VD$_4$ 和电容 C$_4$ 提供-15V 电压；V$_1$ 开通时，输出正强脉冲；V$_2$ 开通时输出正脉冲平顶部分；V$_2$ 关断而 V$_3$ 开通时输出负脉冲；V$_3$ 关断后 R$_3$ 和 R$_4$ 提供门极负偏压。

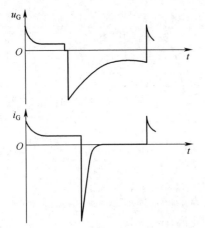

图 1-33　推荐的 GTO 门极电压电流波形

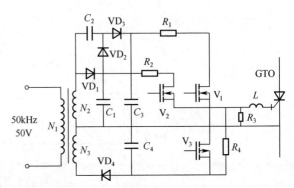

图 1-34　典型的直接耦合式 GTO 驱动电路

### 三、电力场效应晶体管

**1. 电力场效应管的结构和工作原理**

电力场效应晶体管种类和结构有许多种，按导电沟道可分为 P 沟道和 N 沟道，同时又有耗尽型和增强型之分。在电力电子装置中，主要应用 N 沟道增强型。

电力场效应晶体管导电机理与小功率绝缘栅 MOS 管相同，但结构有很大区别。小功率绝缘栅 MOS 管是一次扩散形成的器件，导电沟道平行于芯片表面，横向导电。电力场效应晶体管大多采用垂直导电结构，提高了器件的耐电压和耐电流的能力。按垂直导电结构的不同，又可分为 2 种：V 形槽 VVMOSFET 和双扩散 VDMOSFET。

电力场效应晶体管采用多单元集成结构，一个器件由成千上万个小的 MOSFET 组成。N 沟道增强型双扩散电力场效应晶体管一个单元的剖面图如图 1-35（a）所示。电气符号如图 1-35（b）所示。

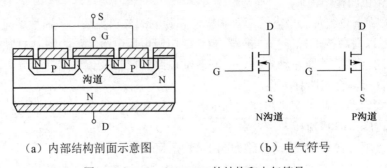

（a）内部结构剖面示意图　　　　　　　（b）电气符号

图 1-35　Power MOSFET 的结构和电气符号

电力场效应晶体管有 3 个端子：漏极 D、源极 S 和栅极 G。当漏极接电源正，源极接电源负时，栅极和源极之间电压为 0，沟道不导电，管子处于截止。如果在栅极和源极之间加一正向电压 $U_{GS}$，并且使 $U_{GS}$ 大于或等于管子的开启电压 $U_{T}$，则管子开通，在漏、源极间流过电流 $I_{D}$。$U_{GS}$ 超过 $U_{T}$ 越大，导电能力越强，漏极电流越大。

**2．电力场效应管的静态特性和主要参数**

Power MOSFET 静态特性主要指输出特性和转移特性，与静态特性对应的主要参数有漏极击穿电压、漏极额定电压、漏极额定电流和栅极开启电压等。

（1）静态特性

1）输出特性

输出特性即是漏极的伏安特性。特性曲线如图 1-36（b）所示。由图所见，输出特性分为截止、饱和与非饱和 3 个区域。这里饱和、非饱和的概念与 GTR 不同。饱和是指漏极电流 $I_{D}$ 不随漏源电压 $U_{DS}$ 的增加而增加，也就是基本保持不变；非饱和是指地 $U_{CS}$ 一定时，$I_{D}$ 随 $U_{DS}$ 增加呈线性关系变化。

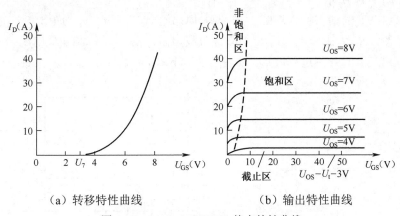

（a）转移特性曲线　　　　　　（b）输出特性曲线

图 1-36　Power MOSFET 静态特性曲线

2）转移特性

转移特性表示漏极电流 $I_{D}$ 与栅源之间电压 $U_{GS}$ 的转移特性关系曲线，如图 1-36（a）所示。转移特性可表示器件的放大能力，并且是与 GTR 中的电流增益 $\beta$ 相似。由于 Power MOSFET 是压控器件，因此用跨导这一参数来表示。跨导定义为

$$g_{m}=\Delta I_{D}/\Delta U_{GS}$$

图中 $U_{T}$ 为开启电压，只有当 $U_{GS}=U_{T}$ 时才会出现导电沟道，产生漏极电流 $I_{D}$。

（2）主要参数

1）漏极击穿电压 $BU_{D}$

$BU_{D}$ 是不使器件击穿的极限参数，它大于漏极电压额定值。$BU_{D}$ 随结温的升高而升高，这点正好与 GTR 和 GTO 相反。

2）漏极额定电压 $U_D$

$U_D$ 是器件的标称额定值。

3）漏极电流 $I_D$ 和 $I_{DM}$

$I_D$ 是漏极直流电流的额定参数；$I_{DM}$ 是漏极脉冲电流幅值。

4）栅极开启电压 $U_T$

$U_T$ 又称阀值电压，是开通 Power MOSFET 的栅-源电压，它是转移特性的特性曲线与横轴的交点。施加的栅源电压不能太大，否则将击穿器件。

5）跨导 $g_m$

$g_m$ 是表征 Power MOSFET 栅极控制能力的参数。

3. 电力场效应管的动态特性和主要参数

（1）动态特性

动态特性主要描述输入量与输出量之间的时间关系，它影响器件的开关过程。由于该器件为单极型，靠多数载流子导电，因此开关速度快、时间短，一般在纳秒数量级。Power MOSFET 的动态特性如图 1-37 所示。

Power MOSFET 的动态特性用图 1-37（a）电路测试。图中，$u_p$ 为矩形脉冲电压信号源；$R_S$ 为信号源内阻；$R_G$ 为栅极电阻；$R_L$ 为漏极负载电阻；$R_F$ 用以检测漏极电流。

Power MOSFET 的开关过程波形，如图 1-37（b）所示。

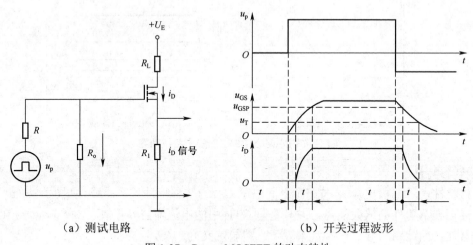

（a）测试电路　　　　　　　　　　（b）开关过程波形

图 1-37　Power MOSFET 的动态特性

Power MOSFET 的开通过程：由于 Power MOSFET 有输入电容，因此当脉冲电压 $u_p$ 的上升沿到来时，输入电容有一个充电过程，栅极电压 $U_{GS}$ 按指数曲线上升。当 $U_{GS}$ 上升到开启电压 $U_T$ 时，开始形成导电沟道并出现漏极电流 $I_D$。从 $U_p$ 前沿时刻到 $U_{GS}=U_T$，且开始出现 $i_D$ 的时刻的这段时间称为开通延时时间 $t_{d(on)}$。此后，$I_D$ 随 $U_{GS}$ 的上升而上升，$U_{GS}$ 从开启电压 $U_T$ 上升到 Power MOSFET 临近饱和区的栅极电压 $U_{GSP}$ 的这段时间称为上升时间 $t_r$。这样 Power

MOSFET 的开通时间为：

$$t_{on}=t_{d(on)}+t_r$$

Power MOSFET 的关断过程：当 $u_p$ 信号电压下降到 0 时，栅极输入电容上储存的电荷通过电阻 $R_S$ 和 $R_G$ 放电，使栅极电压按指数曲线下降，当下降到 $U_{GSP}$ 时继续下降，$I_D$ 才开始减小，这段时间称为关断延时时间 $t_{d(off)}$。此后，输入电容继续放电，$U_{GS}$ 继续下降，$I_D$ 也继续下降，到 $U_{GS}<U_T$ 时导电沟道消失，$i_D=0$，这段时间称为下降时间 $t_f$。这样 Power MOSFET 的关断时间为：

$$t_{off}=t_{d(off)}+t_f$$

从上述分析可知，要提高器件的开关速度，则必须减小开关时间。在输入电容一定的情况下，可以通过降低驱动电路的内阻 $R_S$ 来加快开关速度。

电力场效应管晶体管是压控器件，在静态时几乎不输入电流。但在开关过程中，需要对输入电容进行充放电，故仍需要一定的驱动功率。工作速度越快，需要的驱动功率越大。

（2）动态参数

1）极间电容

Power MOSFET 的 3 个极之间分别存在极间电容 $C_{GS}$，$C_{GD}$，$C_{DS}$。通常生产厂家提供的是漏源极断路时的输入电容 $C_{iss}$、共源极输出电容 $C_{oss}$、反向转移电容 $C_{rss}$。它们之间的关系为：

$$C_{iss}=C_{GS}+C_{GD}$$
$$C_{oss}=C_{GD}+C_{DS}$$
$$C_{rss}=C_{GD}$$

前面提到的输入电容可近似地用 $C_{iss}$ 来代替。

2）漏源电压上升率

器件的动态特性还受漏源电压上升率的限制，过高的 $du/dt$ 可能导致电路性能变差，甚至引起器件损坏。

4. 电力场效应管的安全工作区

（1）正向偏置安全工作区

正向偏置安全工作区，如图 1-38 所示。它是由最大漏源电压极限线 I、最大漏极电流极限线 II、漏源通态电阻线 III 和最大功耗限制线 IV，4 条边界极限所包围的区域。图中画出了 4 种情况：直流 DC，脉宽 10ms，1ms，10μs。它与 GTR 安全工作区相比有 2 个明显的区别：①因无二次击穿问题，所以不存在二次击穿功率 $P_{SB}$ 限制线；②因为它通态电阻较大，导通功耗也较大，所以不仅受最大漏极电流的限制，而且还受通态电阻的限制。

（2）开关安全工作区

开关安全工作区为器件工作的极限范围，如图 1-39 所示。它是由最大峰值电流 $I_{DM}$、最小漏极击穿电压 $BU_{DS}$ 和最大结温 $T_{JM}$ 决定的，超出该区域，器件将损坏。

（3）转换安全工作区

因电力场效应管工作频率高，经常处于转换过程中，而器件中又存在寄生等效二极管，它影响到管子的转换问题。为限制寄生二极管的反向恢复电荷的数值，有时还需定义转换安全工作区。

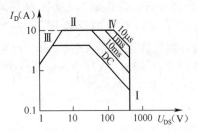

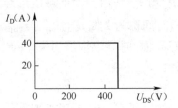

图 1-38 电力场效应管正向偏置的安全工作区　　图 1-39 电力场效应管的开关安全工作区

器件在实际应用中，安全工作区应留有一定的富裕度。

5. 电力场效应管的驱动和保护

（1）电力场效应管的驱动电路

电力场效应管是单极型压控器件，开关速度快。但存在极间电容，器件功率越大，极间电容也越大。为提高其开关速度，要求驱动电路必须有足够高的输出电压、较高的电压上升率、较小的输出电阻。另外，还需要一定的栅极驱动电流。

为了满足对电力场效应管驱动信号的要求，一般采用双电源供电，其输出与器件之间可采用直接耦合或隔离器耦合。

电力场效应管的一种分立元件驱电路，如图 1-40 所示。电路由输入光电隔离和信号放大两部分组成。当输入信号 $u_i$ 为 0 时，光电耦合器截止，运算放大器 A 输出低电平，三极管 $V_3$ 导通，驱动电路约输出负 20V 驱动电压，使电力场效应管关断。当输入信号 $u_i$ 为正时，光电耦合器导通，运放 A 输出高电平，三极管 $V_2$ 导通，驱动电路约输出正 20V 电压，使电力场效应管开通。

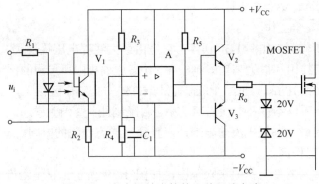

图 1-40 电力场效应管的一种驱动电路

MOSFET 的集成驱动电路种类很多，下面简单介绍其中几种。

IR2130 是美国生产的 28 引脚集成驱动电路，可以驱动电压不高于 600V 电路中的

MOSFET，内含过电流、过电压和欠电压等保护，输出可以直接驱动 6 个 MOSFET 或 IGBT。单电源供电，最大 20V。广泛应用于三相 MOSFET 和 IGBT 的逆变器控制中。

IR2237/2137 是美国生产的集成驱动电路，可以驱动 600V 及 1200V 线路的 MOSFET。其保护性能和抑制电磁干扰能力更强，并具有软启动功能，采用三相栅极驱动器集成电路，能在线间短路及接地故障时，利用软停机功能抑制短路造成过高峰值电压。利用非饱和检测技术，可以感应出高端 MOSFET 和 IGBT 的短路状态。此外，内部的软停机功能，经过三相同步处理，即使发生因短路引起的快速电流断开现象，也不会出现过高的瞬变浪涌过电压，同时配有多种集成电路保护功能。当发生故障时，可以输出故障信号。

TLP250 是日本生产的双列直插 8 引脚集成驱动电路，内含一个光发射二极管和一个集成光探测器，具有输入、输出隔离，开关时间短，输入电流小、输出电流大等特点。适用于驱动 MOSFET 或 IGBT。

（2）电力场效应管的保护措施

电力场效应管的绝缘层易被击穿是它的致命弱点，栅源电压一般不得超过±20V。因此，在应用时必须采用相应的保护措施。通常有以下几种：

1）防静电击穿

电力场效应管最大的优点是有极高的输入阻抗，因此在静电较强的场合易被静电击穿。为此，应注意：

①储存时，应放在具有屏蔽性能的容器中，取用时工作人员要通过腕带良好接地；
②在器件接入电路时，工作台和烙铁必须良好接地，且烙铁断电焊接；
③测试器件时，仪器和工作台都必须良好接地。

2）防偶然性振荡损坏

当输入电路某些参数不合适时，可能引起振荡而造成器件损坏。为此，可在栅极输入电路中串入电阻。

3）防栅极过电压

可在栅源之间并联电阻或约 20V 的稳压二极管。

4）防漏极过电流

由于过载或短路都会引起过大的电流冲击，超过 $I_{DM}$ 极限值，此时必须采用快速保护电路使器件迅速断开主回路。

## 四、绝缘栅双极型晶体管（IGBT）

### 1. IGBT的结构和工作原理

电力 MOSFET 器件是单极型（N 沟道 MOSFET 中仅电子导电、P 沟道 MOSFET 中仅空穴导电）、电压控制型开关器件；因此其通、断驱动控制功率很小，开关速度快；但通态降压大，难于制成高压大电流开关器件。电力三极晶体管是双极型（其中，电子、空穴两种多数载流子都参与导电）、电流控制型开关器件；因此其通、断控制驱动功率大，开关速度不够快；

但通态压降低，可制成较高电压和较大电流的开关器件。为了兼有这两种器件的优点，弃其缺点，20 世纪 80 年代中期出现了将它们的通、断机制相结合的新一代半导体电力开关器件——绝缘栅双极型晶体管（Insulated Gate Bipolar Transistor，IGBT）。它是一种复合器件，其输入控制部分为 MOSFET，输出级为双级结型三极晶体管；因此兼有 MOSFET 和电力晶体管的优点，即高输入阻抗，电压控制，驱动功率小，开关速度快，工作频率可达到 10～40kHz（比电力三极管高），饱和压降低（比 MOSFET 小得多，与电力三极管相当），电压、电流容量较大，安全工作区域宽。目前 2500～3000V、800～1800A 的 IGBT 器件已有产品，可供几千 kVA 以下的高频电力电子装置选用。

图 1-41 为 IGBT 的符号、内部结构等值电路及静态特性。IGBT 也有 3 个电极：栅极 G、发射极 E 和集电极 C。输入部分是一个 MOSFET 管，图 1-41 中 $R_{dr}$ 表示 MOSFET 的等效调制电阻（即漏极-源极之间的等效电阻 $R_{DS}$）。输出部分为一个 PNP 三极管 $T_1$，此外还有一个内部寄生的三极管 $T_2$（NPN 管），在 NPN 晶体管 $T_2$ 的基极与发射极之间有一个体区电阻 $R_{br}$。

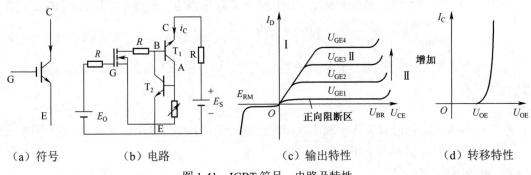

（a）符号　　　（b）电路　　　（c）输出特性　　　（d）转移特性

图 1-41　IGBT 符号、电路及特性

当栅极 G 与发射极 E 之间的外加电压 $U_{GE}$ =0 时，MOSFET 管内无导电沟道，其调制电阻 $R_{dr}$ 可视为无穷大，$I_C$=0，MOSFET 处于断态。在栅极 G 与发射极 E 之间的外加控制电压 $U_{GE}$，可以改变 MOSFET 管导电沟道的宽度，从而改变调制电阻 $R_{dr}$，这就改变了输出晶体管 $T_1$（PNP 管）的基极电流，控制了 IGBT 管的集电极电流 $I_C$。当 UGE 足够大时（例如 15V），则 $T_1$ 饱和导电，IGBT 进入通态。一旦撤除 $U_{GE}$，即 $U_{GE}$=0，则 MOSFET 从通态转入断态，$T_1$ 截止，IGBT 器件从通态转入断态。

2. IGBT 的基本特性

（1）静态特性

1）输出特性：是 $U_{GE}$ 一定时集电极电流 $I_C$ 与集电极-发射极电压 $U_{CE}$ 的函数关系，即 $I_C=f(U_{CE})$。

图 1-41 为 IGBT 的输出特性。$U_{GE}$=0 的曲线对应于 IGBT 处于断态。在线性导电区 I，$U_{CE}$ 增大，$I_C$ 增大。在恒流饱和区 II，对于一定的 $U_{GE}$，$U_{CE}$ 增大，$I_C$ 不再随 $U_{CE}$ 而增大。

在 $U_{CE}$ 为负值的反压下，其特性曲线类似于三极管的反向阻断特性。

为了使IGBT安全运行，它承受的外加电压、反向电压应小于图1-41（c）中的正、反向折转击穿电压。

2)转移特性：是图1-41(d)所示的集电极电流 $I_C$ 与栅极电压 $U_{GE}$ 的函数关系，即 $I_C=f(U_{GE})$。

当 $U_{GE}$ 小于开启阈值电压 $U_{GEth}$ 时，等效 MOSFET 中不能形成导电沟道；因此IGBT处于断态。当 $U_{GE}>U_{GEth}$ 后，随着 $U_{GE}$ 的增大，$I_C$ 显著上升。实际运行中，外加电压 $U_{GE}$ 的最大值 $U_{GEM}$ 一般不超过15V，以限制 $I_C$ 不超过IGBT管的允许值 $I_{CM}$。IGBT在额定电流时的通态压降一般为 1.5~3V。其通态压降常在其电流较大（接近额定值）时具有正的温度系数（$I_C$ 增大时，管压降大）；因此在几个IGBT并联使用时IGBT器件具有电流自动调节均流的能力，这就使多个IGBT易于并联使用。

（2）动态特性

图 1-42 示为IGBT的开通和关断过程。开通过程的特性类似于 MOSFET；因为在这个区间，IGBT大部分时间作为 MOSFET 运行。开通时间由 4 个部分组成。开通延迟时间 $t_d$ 是外施栅极脉冲从负到正跳变开始，到栅-射电压充电到 $U_{GEth}$ 的时间。这以后集电极电流从 0 开始上升，到 90%稳态值的时间为电流上升时间 $t_{ri}$。在这两个时间内，集-射极间电压 $U_{CE}$ 基本不变。此后，$U_{CE}$ 开始下降。下降时间 $t_{fu1}$ 是 MOSFET 工作时漏-源电压下降时间 $t_{fu2}$ 是 MOSFET 和 PNP 晶体管同时工作时漏-源电压下降时间；因此，IGBT开通时间为 $t_{on}=t_d+t_r+t_{fu1}+t_{fu2}$。

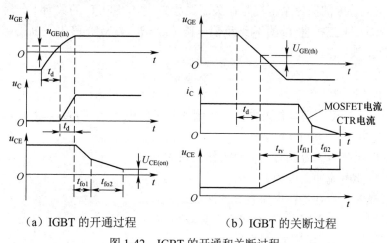

（a）IGBT 的开通过程  （b）IGBT 的关断过程

图 1-42　IGBT 的开通和关断过程

开通过程中，在 $t_d$、$t_r$ 时间内，栅-射极间电容在外施正电压作用下充电，且按指数规律上升，在 $t_{fu1}$、$t_{fu2}$ 这一时间段内 MOSFET 开通，流过对 GTR 的驱动电流，栅-射极电压基本维持IGBT完全导通后驱动过程结束。栅-射极电压再次按指数规律上升到外施栅极电压值。

IGBT关断时，在外施栅极反向电压作用下，MOSFET 输入电容放电，内部 PNP 晶体管仍然导通，在最初阶段里，关断的延迟时间 $t_d$ 和电压 $U_{CE}$ 的上升时间 $t_r$，由IGBT中的 MOSFET 决定。关断时IGBT和 MOSFET 的主要差别是电流波形分为 $t_{fi1}$ 和 $t_{fi2}$ 两部分，其中，$t_{fi1}$ 由

MOSFET 决定，对应于 MOSFET 的关断过程；$t_{\mathrm{fi2}}$ 由 PNP 晶体管中存储电荷所决定。因为在 $t_{\mathrm{fi1}}$ 末尾 MOSFET 已关断，IGBT 又无反向电压，体内的存储电荷难以被迅速消除；所以漏极电流有较长的下降时间。因为此时漏源电压已建立，过长的下降时间会产生较大的功耗，使结温增高；所以希望下降时间越短越好。

（3）擎住效应

由图 1-41（b）电路可以看到IGBT内部的寄生三极管 $T_2$ 与输出三极管 $T_1$ 等效于一个晶闸管。内部体区电阻 $R_{\mathrm{br}}$ 上的电压降为一个正向偏压加在寄生三极管 $T_2$ 的基极和发射极之间。当IGBT处于截止状态和处于正常稳定通态时（$I_C$ 不超过允许值时），$R_{\mathrm{br}}$ 上的压降都很小，不足以产生 $T_2$ 的基极电流，$T_2$ 不起作用。但如果 $I_C$ 瞬时过大，$R_{\mathrm{br}}$ 上压降过大，则可能使 $T_2$ 导通，而一旦 $T_2$ 导通，即使撤除门极电压 $U_{\mathrm{GE}}$，IGBT仍然会像晶闸管一样处于通态，使门极 G 失去控制作用，这种现象称为擎住效应。在IGBT的设计制造时已尽可能地降低体区电阻 $R_{\mathrm{br}}$，使IGBT的集电极电流在最大允许值 ICM 时，$R_{\mathrm{br}}$ 上的压降仍小于 $T_2$ 管的起始导电所必需的正偏压。但在实际工作中 $I_C$ 一旦过大，则可能出现擎住效应。如果外电路不能限制 $I_C$ 的增长，则可能损坏器件。

除过大的 $I_C$ 可能产生擎住效应外，当IGBT处于截止状态时，如果集电极电源电压过高，使 $T_1$ 管漏电流过大，也可能在 $R_{\mathrm{br}}$ 上产生过高的压降，使 $T_2$ 导通而出现擎住效应。

可能出现擎住效应的第三个情况是在关断过程中，MOSFET 的关断十分迅速，MOSFET 关断后图 1-41（b）中三极管 $T_2$ 的 $J_2$ 结反偏电压 $U_{\mathrm{BA}}$ 增大，MOSFET 关断得越快，集电极电流 $I_C$ 减小得越快，则 $U_{\mathrm{CA}}=E_{\mathrm{s}}\text{-}R$。

3. IGBT 的性能特点与参数

（1）IGBT 的性能特点

1）IGBT 的开关速度高，开关损耗小。例如，工作电压在 1000 以上时，开关损耗只有 GTR 的 1/10，与电力 MOSFET 相当。

2）在相同电压和电流定额时，安全工作区较大。

3）具有耐脉冲电流冲击能力。

4）通态压降低，特别是在电流较大的区域。

5）输入阻抗高，输入特性与 MOSFET 类似。

6）IGBT 的耐压高，通流能力强。

7）IGBT 的开关频率高。

8）IGBT 可实现大功率控制。

（2）IGBT 的主要技术参数

1）最大集-射极间电压 $U_{\mathrm{CES}}$。指 IGBT 集电极-发射极之间的最大允许电压。此电压通常由内部 PNP 寄生晶体管的击穿电压来确定。

2）最大集电极电流 $I_C$。指 IGBT 最大允许的集电极电流的平均值。包括额定直流电流 $I_C$ 和 1ms 脉宽的脉冲电流。

3）最大集电极功率 $P_{cm}$。指 IGBT 在正常工作温度下所允许的最大功耗。

4）最大工作频率 $f_m$。指适合 IGBT 正常工作得最高开关频率。

4. IGBT 对驱动电路的要求

（1）概述

IGBT 是复合了功率场效应管与电力晶体管的所有优点而派生的一种新型功率器件，也是在年轻读者心目中比较生疏但又感兴趣的半导体器件。

（2）IGBT 对驱动电路的基本要求

1）在 IGBT 的驱动电路中应提供适当的正、反向栅极电压 $U_{GE}$，使 IGBT 能可靠的导通和关断。一般来说，当正栅偏压 $+U_{GE}$ 的幅值较大时，IGBT 的通态压降和导通损耗均会下降，这是所理想的。但 $+U_{GE}$ 过大时，则负载短路时其集电极电流 $I_C$ 会随 $+U_{GE}$ 的增大而增大，不利于安全。所以，同常 $+U_{GE}$ 的值取 $+U_{GE}>15V$ 最为适当。同样，负栅偏压 $-U_{GE}$ 的幅值也不能过大，若过大时，IGBT 在关断时会产生较大的浪涌电流，导致引起 IGBT 的误导通。所以，通常负栅偏压 $-U_{GE}$ 值取 $-U_{GE}=-5V$ 为宜。

2）设计 IGBT 的驱动电路时，其开关时间应综合考虑。首先应该肯定，IGBT 的快速导通和关断有利于提高其工作频率，并减小工作过程中的损耗；然而更应当考虑到在大电感负载下，IGBT 导通和关断的工作频率不宜过高，因为其高速通、断会在电感负载两端产生很大的尖峰电压。这种尖峰电压必然会给 IGBT 造成威胁。

3）当 IGBT 导通后，其驱动电路应继续提供规定时间的、足够的栅极电压与电流幅值，也就是说，驱动电路必须给出足够的脉宽，从而使 IGBT 在正常工作及过载情况下不至于退出饱和区而造成损坏。

4）必须重视对 IGBT 驱动电路中的栅极串联电阻的 $R_G$ 取值的确定，因为此电阻阻值的大小对 IGBT 的工作性能有较大影响。

若 $R_G$ 值较大时，有利于抑制电流的变化率 $di/dt$ 和电压的变化率 $du/dt$，但反过来又会增加 IGBT 的工作时间和开关损耗，这是一个矛盾。

若 $R_G$ 值较小时，会引起电流变化率 $di/dt$ 和电压变化率 $du/dt$ 的增大，有可能引起 IGBT 的误导通或损坏 IGBT 管。所以，栅极串联电阻 $R_G$ 的取值应与具体驱动电路的电路结构和所用 IGBT 的容量、参数结合起来合理选取才是。通常，$R_G$ 的取值范围一般在几个欧姆到几十欧姆，对于较小容量的 IGBT 管，$R_G$ 可稍大一些。

5）IGBT 驱动电路应有较强的抗干扰能力，并应具备对 IGBT 的保护功能。驱动电路、抗干扰电路、过压、过流保护和其他保护电路，都应与 IGBT 的开关速度相适应、相匹配。

另外，IGBT 固有着一种对静电敏感的脆弱性，所以 IGBT 驱动电路应具有防静电措施，电路板需设计静电屏蔽。在电路板焊接工艺中，IGBT 必须采取电烙铁无电焊接，并应注意在焊接之前必须保证 IGBT 的栅极 G 与发射极 E 一直保持短路连接，不得开路。

（3）IGBT 驱动电路的分类

IGBT 的驱动电路通常分为以下三大类型：

1）直接驱动法。所谓"直接驱动法"是指输入信号通过整形，经直流或交流放大后直接去"开""断"IGBT。这种驱动电路，其输入信号与被控制驱动的 IGBT 主回路共地。

2）隔离驱动法。所谓"隔离驱动法"是指输入信号通过变压器或光电耦合器隔离输出，经直流或交流放大后直接去"开""断"IGBT。这种驱动电路，其输入信号与被控制驱动的 IGBT 主回路不共地，实现了输入与输出的电路的电气隔离，并具有较强的共模电压抑制能力。

3）专用集成模块驱动法。所谓"集成模块驱动法"是指将驱动电路高度集成化，使其具有比较完善的驱动功能、抗干扰功能、自动保护功能，可实现对 IGBT 的最优驱动。这种驱动电路，其输入信号与被控制驱动的 IGBT 主回路不共地，也实现了输入与输出的电路的电气隔离，并具有较强的共模电压抑制能力。

**5. IGBT 的直接驱动**

（1）驱动电路

直接驱动法特点是电路结构简单、扼要。其电路如图 1-43 所示。

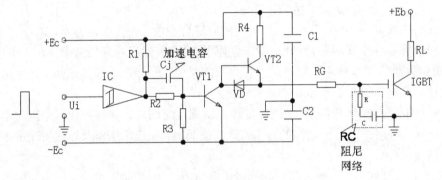

图 1-43　直接驱动电路原理

（2）直接驱动电路原理描述

图 1-43 所示采用了正、负双电源供电。一般来说，对于 IGBT 这样的特殊器件都要采取正、负双电源供电，只有这样才能使 IGBT 稳定地工作。电路工作原理很简单，输入信号经集成电路（施密特）IC 整形后经缓冲限流电阻 $R_2$、加速电容 $C_j$ 进入由 VT1、VT2 组成的有源负载方式放大器进行放大，以提供足够的门极电流。为了消除可能产生的寄生振荡，在 IGBT 栅极 G 与发射极 E 之间接入了 RC 阻尼网络。这种直接驱动电路适合于对较小容量 IGBT 的驱动。

**【知识拓展】新型电能变换器件**

**一、MOS 控制晶闸管 MCT**

MCT（MOS Controlled Thyristor）是将 MOSFET 与晶闸管组合而成的复合型器件。MCT 将 MOSFET 的高输入阻抗、低驱动功率、快速的开关过程和晶闸管的高电压大电流、低导通压降的特点结合起来，也是 Bi-MOS 器件的一种。一个 MCT 器件由数以万计的 MCT 元组成，每个元的组成为：一个 PNPN 晶闸管，一个控制该晶闸管开通的 MOSFET 和一个控制该晶闸管关断的 MOSFET。

MCT 具有高电压、大电流、高载流密度、低通态压降的特点。其通态压降只有 GTR 的 1/3 左右，硅片的单位面积连续电流密度在各种器件中是最高的。另外，MCT 可承受极高的 di/dt 和 du/dt，使得其保护电路可以简化。MCT 的开关速度超过 GTR，开关损耗也小。

总之，MCT 曾一度被认为是一种最有发展前途的电力电子器件。因此，20 世纪 80 年代以来一度成为研究的热点。但经过十多年的努力，其关键技术问题没有大的突破，电压和电流容量都远未达到预期的数值，未能投入实际应用。而其竞争对手——IGBT 却进展飞速，所以，目前从事 MCT 研究的人不是很多。

## 二、静电感应晶体管 SIT

SIT（Static Induction Transistor）诞生于 1970 年，实际上是一种结型场效应晶体管。将用于信息处理的小功率 SIT 器件的横向导电结构改为垂直导电结构，即可制成大功率的 SIT 器件。SIT 是一种多子导电的器件，其工作频率与电力 MOSFET 相当，甚至超过电力 MOSFET，而功率容量也比电力 MOSFET 大，因而适用于高频大功率场合，目前已在雷达通信设备、超声波功率放大、脉冲功率放大和高频感应加热等专业领域获得了较多的应用。

但是 SIT 在栅极不加任何信号时是导通的，而栅极加负偏压时关断，被称为正常导通型器件，使用不太方便；此外，SIT 通态电阻较大，使得通态损耗也大。SIT 可以做成正常关断型器件，但通态损耗将更大。因而 SIT 还未在大多数电力电子设备中得到广泛应用。

## 三、静电感应晶闸管 SITH

SITH（Static Induction Thyristor）诞生于 1972 年，是在 SIT 的漏极层上附加一层与漏极层导电类型不同的发射极层而得到的，就像 IGBT 可以看作是电力 MOSFET 与 GTR 复合而成的器件一样，SITH 也可以看作是 SIT 与 GTO 复合而成。因为其工作原理也与 SIT 类似，门极和阳极电压均能通过电场控制阳极电流，因此 SITH 又被称为场控晶闸管。由于比 SIT 多了一个具有少子注入功能的 PN 结，因而 SITH 本质上是两种载流子导电的双极型器件，具有电导调制效应，通态压降低、通流能力强。其很多特性与 GTO 类似，但开关速度比 GTO 高得多，是大容量的快速器件。

SITH 一般也是正常导通型，但也有正常关断型。此外，其制造工艺比 GTO 复杂得多，电流关断增益较小，因而其应用范围还有待拓展。

## 四、集成门极换流晶闸管 IGCT

IGCT（Integrated Gate-Commutated Thyristor）即集成门极换流晶闸管，有的厂家也称为 GCT，是 20 世纪 90 年代后期出现的新型电力电子器件。IGCT 实质上是将一个平板型的 GTO

与由很多个并联的电力 MOSFET 器件和其他辅助元件组成的 GTO 门极驱动电路,采用精心设计的互联结构和封装工艺集成在一起。IGCT 的容量与普通 GTO 相当,但开关速度比普通的 GTO 快 10 倍,而且可以简化普通 GTO 应用时庞大而复杂的缓冲电路,只不过其所需的驱动功率仍然很大。在 IGCT 产品刚推出的几年中,由于其电压和电流容量大于当时 IGBT 的水平而很受关注,但 IGBT 的电压和电流容量很快赶了上来,而且市场上一直只有个别厂家在提供 IGCT 产品,因此 IGCT 的前景目前还很难预料。

### 五、基于宽禁带半导体材料的电力电子器件

到目前为止,硅材料一直是电力电子器件所采用的主要半导体材料。其主要原因是人们早已掌握了低成本、大批量制造、大尺寸、低缺陷、高纯度的单晶硅材料的技术以及随后对其进行半导体加工的各种工艺技术,人类对硅器件不断的研究和开发投入也是巨大的。但是,硅器件的各方面性能已随其结构设计和制造工艺的相当完善而接近其由材料特性决定的理论极限(虽然随着器件技术的不断创新这个极限一再被突破),很多人认为依靠硅器件继续完善和提高电力电子装置与系统性能的潜力已十分有限。因此,将越来越多的注意力投向基于宽禁带半导体材料的电力电子器件。

我们知道,固体中电子的能量具有不连续的量值,电子都分布在一些相互之间不连续的能带上。价电子所在能带与自由电子所在能带之间的间隙称为禁带或带隙。所以禁带的宽度实际上反映了被束缚的价电子要成为自由电子所必须额外获得的能量。硅的禁带宽度为 1.12 电子伏特(eV),而宽禁带半导体材料是指禁带宽度在 3.0eV 及以上的半导体材料,典型的是碳化硅(SiC)、氮化镓(GaN)、金刚石等材料。

通过对半导体物理知识的学习我们可以知道,由于具有比硅宽得多的禁带宽度,宽禁带半导体材料一般都具有比硅高得多的临界雪崩击穿电场强度和载流子饱和漂移速度、较高的热导率和相差不大的载流子迁移率,因此,基于宽禁带半导体材料(如碳化硅)的电力电子器件将具有比硅器件高得多的耐受高电压的能力、低得多的通态电阻、更好的导热性能和热稳定性以及更强的耐受高温和射线辐射的能力,许多方面的性能都是成数量级地提高。但是,宽禁带半导体器件的发展一直受制于材料的提炼、制造以及随后半导体制造工艺的困难。

直到 20 世纪 90 年代,碳化硅材料的提炼和制造技术以及随后的半导体制造工艺才有所突破,到 21 世纪初推出了基于碳化硅的肖特基二极管,性能全面优于硅肖特基二极管,因而迅速在有关的电力电子装置中应用,其总体效益远远超过这些器件与硅器件之间的价格差异造成的成本增加。氮化镓的半导体制造工艺自 20 世纪 90 年代以来也有所突破,因而也已可以在其他材料衬底的基础上实施加工工艺制造相应的器件。由于氮化镓器件具有比碳化硅器件更好的高频特性而较受关注。金刚石在这些宽禁带半导体材料中性能是最好的,很多人称之为最理想的或最具前景的电力半导体材料。但是金刚石材料提炼和制造以及随后的半导体制造工艺也是最困难的,目前还没有有效的办法。距离基于金刚石材料的电力电子器件产品的出现还有很长的路要走。

## 六、功率集成电路与集成电力电子模块

自 20 世纪 80 年代中后期开始，在电力电子器件研制和开发中的一个共同趋势是模块化。正如前面有些地方提到的，按照典型电力电子电路所需要的拓扑结构，将多个相同的电力电子器件或多个相互配合使用的不同电力电子器件封装在一个模块中，可以缩小装置体积，降低成本，提高可靠性。更重要的是，对工作频率较高的电路，还可以大大减小线路电感，从而简化对保护和缓冲电路的要求。这种模块被称为功率模块，或者按照主要器件的名称命名，如 IGBT 模块。

更进一步，如果将电力电子器件与逻辑、控制、保护、传感、检测、自诊断等信息电子电路制作在同一芯片上，则称为功率集成电路。与功率集成电路类似的还有许多名称，但实际上各自有所侧重。为了强调功率集成电路是所有器件和电路都集成在一个芯片上而又称之为电力电子电路的单片集成。高压集成电路一般指横向高压器件与逻辑或模拟控制电路的单片集成。智能功率集成电路一般指纵向功率器件与逻辑或模拟控制电路的单片集成。

同一芯片上高低压电路之间的绝缘问题以及温升和散热的有效处理，是功率集成电路的主要技术难点，短期内难以有大的突破。因此，目前功率集成电路的研究、开发和实际产品应用主要集中在小功率的场合，如便携式电子设备、家用电器、办公设备电源等。在这种情况下，前面所述的功率模块中所采用的将不同器件和电路通过专门设计的引线或导体连接起来并封装在一起的思路，在很大程度上回避了这两个难点，有人称之为电力电子电路的封装集成。

采用封装集成思想的电力电子电路也有许多名称，也是各自有所侧重。智能功率模块往往专指 IGBT 及其辅助器件与其保护和驱动电路的封装集成，也称智能 IGBT。电力 MOSFET 也有类似的模块。若是将电力电子器件与其控制、驱动、保护等所有信息电子电路都封装在一起，则往往称之为集成电力电子模块。对中、大功率的电力电子装置来讲，往往不是一个模块就能胜任的，通常需要像搭积木一样由多个模块组成，这就是所谓的电力电子积块。封装集成为处理高低压电路之间的绝缘问题以及温升和散热问题提供了有效思路，许多电力电子器件生产厂家和科研机构都投入到有关的研究和开发之中，因而最近几年获得了迅速发展。目前最新的智能功率模块产品已大量用于电机驱动、汽车电子乃至高速子弹列车牵引这样的大功率场合。

功率集成电路和集成电力电子模块都是具体的电力电子集成技术。电力电子集成技术可以带来很多好处，比如装置体积减小、可靠性提高、用户使用更为方便以及制造、安装和维护的成本大幅降低等，而且实现了电能和信息的集成，具有广阔的应用前景。

## 【任务实施】全控型器件认识与基本测量

### 一、实训目标

（1）能认识全控型器件的外形结构。
（2）能辨识全控型器件的型号。

（3）会鉴别全控型器件的好坏。

（4）掌握全控型器件的测量方法。

## 二、实训场所及器材

地点：应用电子技术实训室。

器材：操作台、万用表及装配工具。

## 三、实训步骤

1．器件的外形结构认识。

2．器件的型号辨识。

3．全控型器件的测量。

（1）可关断晶闸管的测试

普通（单向）晶闸管受门极正信号触发导通后，就处于深度饱和状态维持导通，除非阳、阴极之间正向电流小于维持电流 $I_H$ 或电源切断之后才会由导通状态变为阻断状态。可关断晶闸管（GTO）的基本结构与普通晶闸管相同，但它的关断原理、方式与普通晶闸管却大不相同。

1）电极判别

将万用表置于 R×10 挡或 R×100 挡，测量该器件任意两极的正、反向直流电阻值，共有 6 组读数。完好器件的 6 组电阻测量值中应有一组呈现低阻值。电阻较小的一对引脚是门极（G）和阴极（K）；再测量 G、K 极之间的正、反向电阻，电阻指示值较小时，红表笔所接的引脚为阴极 K，黑表笔所接的引脚为门极（控制极）G，而剩下的引脚是阳极 A。

2）可关断晶闸管好坏判别

用万用表 R×10 挡或 R×100 挡测量晶闸管阳极 A 与阴极 K 之间的电阻，或测量阳极 A 与门极 G 之间的电阻，如果读数小于 1kΩ，则说明器件已击穿损坏。

用万用表测量门极 G 与阴极 K 之间的电阻，如果正、反向电阻均为无穷大（∞），则说明该管的门极和阴极之间存在断路。

4．大功率晶体管的检测。

（1）判别大功率晶体管的电极和类型

1）判定基极

大功率晶体管的漏电流一般都比较大，所以用万用表来测量其极间电阻时，应采用满刻度电流比较大的低电阻挡为宜。

将万用表置于 R×1 挡或 R×10 挡，一个表笔固定接在管子的任一电极，用另一表笔分别接触其他 2 个电极，如果万用表读数均为小阻值或均为大阻值，则固定接触的那个电极即为基极。如果按上述方法做一次测试判定不了基极，则可换一个电极再试，最多 3 次即作出判定。

2）判别类型

确定基极之后，设接基极的是黑表笔，而用红表笔分别接触另外 2 个电极时如果电阻读数均较小，则可认为该管为 NPN 型。如果接基极的是红表笔，用黑表笔分别接触其余 2 个电极时测出的阻值均较小，则该三极管为 PNP 型。

3）判定集电极和发射极

在确定基极之后，再通过测量基极对另外 2 个电极之间的阻值大小比较，可以区别发射极和集电极。对于 PNP 型晶体管，红表笔固定接基极，黑表笔分别接触另外 2 个电极时测出 2 个大小不等的阻值，以阻值较小的接法为准，黑表笔所接的是发射极。而对于 NPN 型晶体管，黑表笔固定接基极，用红表笔分别接触另外 2 个电极进行测量，以阻值较小的这次测量为准，红表笔所接的是发射极。

（2）通过测量极间电阻判断大功率晶体管的好坏

将万用表置于 R×1 挡或 R×10 挡，测量管子三个极间的正、反向电阻，并与参考值比较，便可以判断管子性能好坏。

5．功率场效应晶体管的检测方法。

由于功率场效应管和一般的场效应管结构不同，因此对它的检测方法也有所不同，下面以 N 沟道为例说明。对于内部无保护二极管的功率场效应管，可通过测量极间电阻的方法来判别 3 个电极。

（1）电极判别

1）确定栅极 G

以 N 沟道功率场效应管为例，将万用表拨至 R×1k 挡，分别测量三个管脚之间的电阻。若发现某脚与其他两脚的正、反向电阻均呈无穷大，且交换表笔后仍为无穷大，则此脚为栅极 G，因为栅极 G 和另外两个管脚 S、D 之间是绝缘的，如图 1-44 所示。

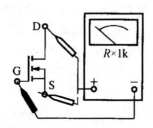

图 1-44　判别 VMOS 场效应管栅极 G 的方法

2）确定源极 S 和漏极 D

在确定了栅极 G 之后，根据源极 S 与漏极 D 之间 PN 结正、反向电阻存在的差异，进一步识别源极 S 极与漏极 D；将万用表置于 R×1k 挡，先将被测管 3 个引脚短接一下；接着以交换表笔的方法测 2 次电阻，在正常情况下，2 次所测电阻必定一大一小，其中电阻值较低（一般为几千欧至十几千欧）的一次为正向电阻，此时黑表笔接的是源极 S，则红表笔接的是漏极 D，如图 1-45 所示。

如果被测管子为 P 沟道型管，则 S、D 极间电阻大小规律与上述 N 沟道型管相反。因此，通过测量 S、D 极间正向和反向电阻，也就可以判别管子的导电沟道的类型。这是因为场效应管的 S 极与 D 极之间有一个 PN 结，其正、反向电阻存在差别的缘故。

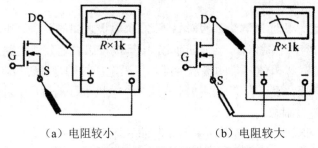

（a）电阻较小　　　　　　　（b）电阻较大

图 1-45　判别场效应管的源极 S 和漏极 D

（2）判别功率场效应管好坏的简单方法

对于内部无保护二极管的功率场效应晶体管，将万用表拨至 R×1k 挡，将栅极 G 和源极 S 用导线连接一下，然后断开，把红、黑表笔分别接触漏极 D 和源极 S，此时测得的阻值应为几千欧；再把栅极 G 和源极 S 用导线连接起来，将万用表拨至 R×10k 挡，把红、黑表笔对调一下，测得的阻值应为无穷大，否则说明该场效应管的质量性能较差或已坏。

下述检测方法则不论内部有无保护二极管的管子均适用。以 N 沟道场效应管为例，具体操作如下：

1）将万用表置于 R×1k 挡，再将被测管 G 极与 S 极短接一下，然后将红表笔接被测管的 D 极，黑表笔接 S 极，此时所测电阻应为数千欧，如图 1-46 所示。如果阻值为 0 或∞，则说明管子已坏。

2）将万用表置于 R×10k 挡，再将被测管 G 极与 S 极用导线短接好，然后将红表笔接被测管的 S 极，黑表笔接 D 极，此时万用表指示应接近无穷大（∞），如图 1-47 所示。否则说明被测 VMOS 管内部 PN 结的反向特性比较差。如果阻值为 0，则说明被测管已经损坏。

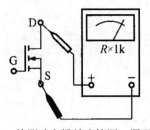 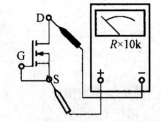

图 1-46　检测功率场效应管源、漏正向电阻　　　　图 1-47　检测功率场效应管源、漏反向电阻

## 四、任务考核方法

（1）能否准确描述全控型器件的外部特征。

（2）能否准确辨识全控型器件的型号。

（3）是否会测量全控型器件并判定质量的好坏。

## 【项目总结】

本项目分解为两个任务切入：

任务一　认识晶闸管

任务二　认识全控型电力电子器件

知识目标：

（1）认识晶闸管的基本结构；

（2）掌握使晶闸管可靠导通、截止所需要的条件；

（3）掌握晶闸管的伏安特性及主要参数；

（4）掌握晶闸管型号的命名方法；

（5）了解晶闸管主电路的保护及扩容方法；

（6）掌握 GTO、GTR、功率 MOSFET、IGBT 四种常见全控型电力电子器件的工作原理、特性、主要参数、电力电子器件的驱动、保护和串、并联电路及使用中应注意的问题；

（7）熟悉常见全控型电力电子器件各自的特点以及适用场合；

（8）了解新型电力电子器件的概况。

能力目标：

（1）能识别晶闸管的外部结构，能正确选用晶闸管；

（2）能用万用表判定晶闸管极性的好坏；

（3）能识别晶闸管主电路保护元件，能正确选择保护元件及接法；

（4）能识别全控型电力电子器件及其模块，能正确读取器件标识信息；

（5）能识别全控型电力电子器件的驱动与保护电路，会分析损坏原因。

本项目通过上述任务的引入，将各种主要电力电子器件的基本结构、工作原理、基本特性和主要参数等问题作了全面的介绍。至此，我们可以将所介绍过的电力电子器件做一归纳。

按照器件内部电子和空穴两种载流子参与导电的情况，属于单极型电力电子器件的有：肖特基二极管、电力 MOSFET 和 SIT 等。属于双极型电力电子器件的有：基于 PN 结的电力二极管、晶闸管、GT0 和 GTR 等。属于复合型电力电子器件的有：IGBT、SITH 和 MCT 等。由于复合型器件中也是两种载流子导电，因此也有人将它们归为广义的双极型器件。

稍加注意不难发现，单极型器件和复合型器件都是电压驱动型器件，而双极型器件均为电流驱动型器件。电压驱动型器件的共同特点是：输入阻抗高，所需驱动功率小，驱动电路简单，工作频率高。电流驱动型器件的共同特点是：具有通态压降低，导通损耗小，但工作频率较低，所需驱动功率大，驱动电路也比较复杂。

另一个有关器件类型的规律是，从器件需要驱动电路提供的控制信号的波形来看，电压驱动型器件都是电平控制型器件，而电流驱动型器件则有的是电平控制型器件（如 GTR），有的是脉冲触发型器件（如晶闸管和 GTO）。

全控型电力电子器件经过多年的技术创新和较量，形成了小功率（10kW 以下）场合以电力 MOSFET 为主，中、大功率场合以 IGBT 为主的压倒性局面。而且在电力 MOSFET 和 IGBT 中的技术创新仍然在继续，将不断推出性能更好的产品。IGBT 已先后经历了几代产品的更迭，各方面的性能不断提高，从而统治了中、大功率的各种应用场合。这种发展趋势仍在继续，很多专家都认为，在未来二十年内 IGBT 都将保持其在电力电子技术中的重要地位。

在 10MVA 以上或者数千伏以上的应用场合，如果不需要自关断能力，那么晶闸管仍然是目前的首选器件，特别是在高压直流输电装置和柔性交流输电装置等在电力系统输电设备中的应用。当然，随着 IGBT 耐受电压和电流能力的不断提升、成本的不断下降和可靠性的不断提高，IGBT 还在不断夺取传统上属于晶闸管的应用领域，因为采用全控型器件的电力电子装置从原理上讲，总体性能一般都优于采用晶闸管的电力电子装置。

而在新能源领域如太阳能光伏发电中电力电子装置作为电能变换的主要一环，全控型电力电子器件更是应用广泛，所以能够熟练运用电力电子器件尤为重要，有必要打好基础。

## 【项目训练】

1. 使晶闸管导通的条件是什么？

2. 维持晶闸管导通的条件是什么？怎样才能使晶闸管由导通变为关断？

3. 温度升高时，晶闸管的触发电流、正反向漏电流、维持电流以及正向转折电压和反向击穿电压如何变化？

4. 晶闸管的非正常导通方式有哪几种？

5. 某晶闸管型号规格为 KP200-8D，试问型号规格代表什么意义？

6. 如图 1-48 所示，试画出负载 Rd 上的电压波形（不考虑管子的导通压降）。

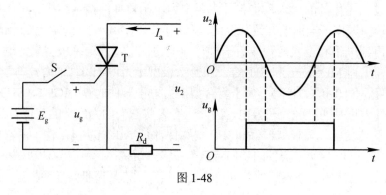

图 1-48

7. 什么叫 GTR 的一次击穿？什么叫 GTR 的二次击穿？

8. GTR 对基极驱动电路的要求是什么？

9. 怎样确定 GTR 的安全工作区 SOA？

10. GTO 和普通晶闸管同为 PNPN 结构,为什么 GTO 能够自关断,而普通晶闸管不能?

11. 试说明有关功率场效应管驱动电路的特点。

12. 试简述功率场效应管在应用中的注意事项。

13. IGBT、GTR、GTO 和电力 MOSFET 的驱动电路各有什么特点?

14. 下表给出了 1200V 和不同等级电流容量 IGBT 管的栅极电阻推荐值。试说明为什么随着电流容量的增大,栅极电阻值相应减小?

| 电流容量/A | 25 | 50 | 75 | 100 | 150 | 200 | 300 |
|---|---|---|---|---|---|---|---|
| 栅极电阻/Ω | 50 | 25 | 15 | 12 | 8.2 | 5 | 3.3 |

15. 试说明 IGBT、GTR、GTO 和电力 MOSFET 各自的优缺点。

## 【拓展训练】

### 一、功率二极管特性测试

1. 测试电路

功率二极管测试电路如图 1-49 所示。

（1）以图 1-49 为原理图,在 Simulink 中建立功率二极管测试电路仿真模型并进行仿真。

（2）利用 Simulink 中的示波器模块,显示 $u_2$、$u_{VD}$、$u_d$ 和 $i_d$ 的波形并记录。

（3）根据仿真结果分析功率二极管的导电特性。

2. 测试步骤

（1）建立如图 1-50 所示的功率二极管测试电路模型图,模型中需要的模块及其提取路径如表 1-4 所列。

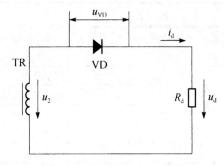

图 1-49    功率二极管测试电路

（2）模块参数设置。交流电压源、负载的参数设置如图 1-51 和图 1-52 所示。当我们从模块库中拉出示波器模块时,示波器只有一个连接端子,即只能显示一路信号。这时需要增加示波器的接线端子,具体做法是双击示波器,弹出如图 1-53 所示的对话框。单击工具栏中的第二个小图标,即打印机图标旁边的图标,弹出如图 1-54 所示的第二个对话框。只要将 Number of axes 项中的 "1" 改成所需的端子数即可,本实验需要用到 4 个端子,我们把它改成 "4"。注意图 1-54 对话框还有一个 Data history 选项卡,点击后如图 1-55 所示,去掉 Limit data points to last 前面框中的勾,即取消只显示最后 5000 个数据的限制。本实验中功率二极管可保持默认的参数设置。

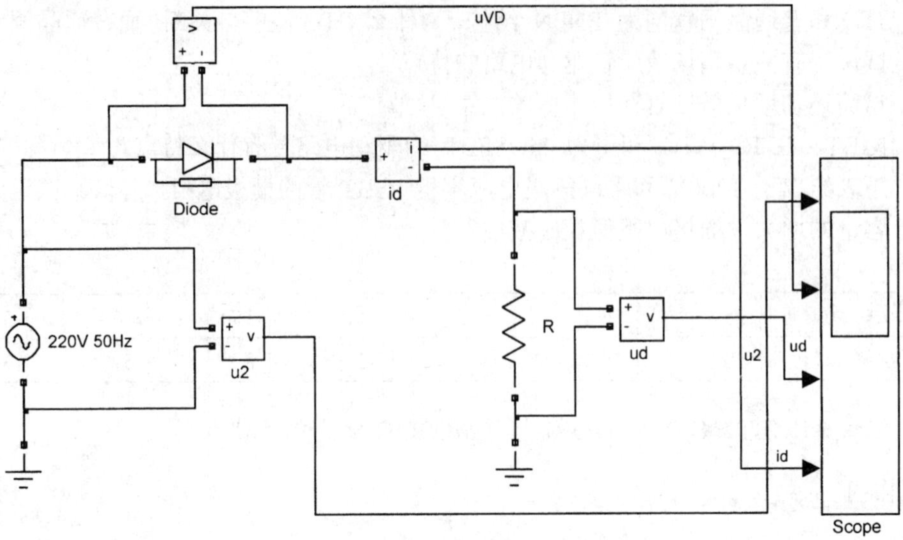

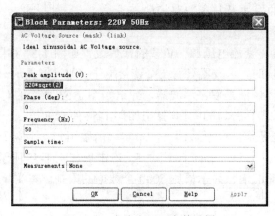

图 1-50　功率二极管测试电路仿真模型

表 1-4　模块及其提取路径

| 模块名称 | 提取路径 |
|---|---|
| 交流电压源 | SimPowerSystems/Electrical Sources/AC Voltage Source |
| 功率二极管 | SimPowerSystems/Power Electronics/Diode |
| 负载 | SimPowerSystems/Elements/Series RLC Branch |
| 接地端子 | SimPowerSystems/Elements/Ground |
| 电压表 | SimPowerSystems/Measurements/Voltage Measurement |
| 电流表 | SimPowerSystems/Measurements/Current Measurement |
| 示波器 | Simulink/Sinks/Scope |

图 1-51　交流电压源参数设置

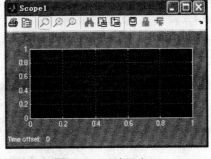

图 1-52　负载参数设置　　　　　　　　　图 1-53　示波器窗口

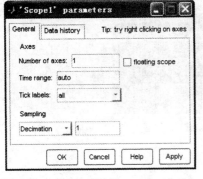

图 1-54　示波器对话框 General 选项卡　　　图 1-55　示波器对话框 Data history 选项卡

（3）仿真参数设置。仿真开始前必须设置仿真参数。在菜单中选择"Simulation"选项，在下拉菜单中选择"Configuration Parameters"选项，弹出的对话框如图 1-56 所示。我们主要设置的参数为开始时间、终止时间和仿真使用的算法。开始时间设置为"0"，终止时间设置为"0.1"，算法设置为"ode23tb"。

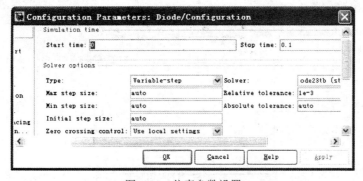

图 1-56　仿真参数设置

（4）完成以上步骤后便可以开始仿真，点击"运行"按钮，开始仿真。在屏幕下方的状态栏可以看到仿真的进程。若需要中途停止仿真，可以点击"停止"按钮。仿真完毕后，可以双击示波器模块来观察仿真的结果。如果一开始观察不到波形可以点击示波器工具栏的"望远镜"按钮，示波器会自动给定一个合适的坐标，观察到我们需要的波形。本实验的仿真波形如图 1-57 所示。

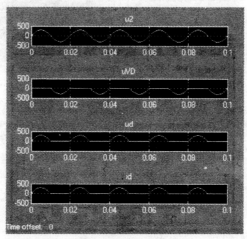

图 1-57　仿真波形

### 3. 总结分析

（1）根据仿真结果分析功率二极管的导电特性。

（2）改变仿真模型中各模块的参数设置和仿真参数，观察波形的变化，分析波形变化的原因。

## 二、晶闸管性能测试

### 1. 晶闸管测试电路

晶闸管测试电路如图 1-58 所示。

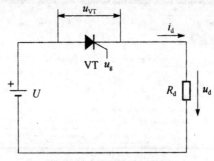

图 1-58　晶闸管测试电路

（1）以图 1-58 为原理图，在 Simulink 中建立晶闸管测试电路仿真模型并进行仿真。

（2）利用 Simulink 中的示波器模块，显示 $U$、$u_g$、$u_{VT}$、$u_d$ 和 $i_d$ 的波形并记录。

（3）根据仿真结果分析晶闸管的导电特性。

2．测试步骤

（1）建立如图 1-59 所示的晶闸管测试电路模型图，模型中需要的模块及其提取路径如表 1-5 所列。

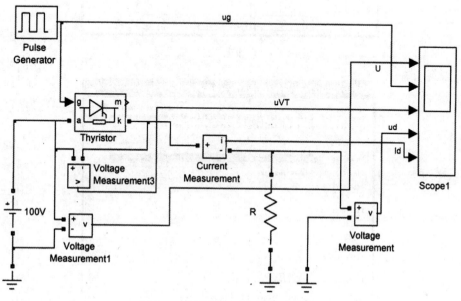

图 1-59　晶闸管测试电路仿真模型

表 1-5　模块名称及其提取路径

| 模块名称 | 提取路径 |
| --- | --- |
| 直流电压源 | SimPowerSystems/Electrical Sources/DC Voltage Source |
| 脉冲发生器 | Simulink/Sources/Pulse Generator |
| 晶闸管 | SimPowerSystems/Power Electronics/Thyristor |
| 负载 | SimPowerSystems/Elements/Series RLC Branch |
| 接地端子 | SimPowerSystems/Elements/Ground |
| 电压表 | SimPowerSystems/Measurements/Voltage Measurement |
| 电流表 | SimPowerSystems/Measurements/Current Measurement |
| 示波器 | Simulink/Sinks/Scope |

（2）模块参数设置。直流电压源的参数设置如图 1-60 所示，负载电阻设置为 $1\Omega$，脉冲发生器的设置如图 1-61 所示。晶闸管的参数可保持默认设置。示波器设置为 5 个输入端。

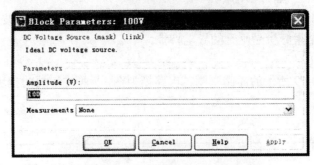

图 1-60　直流电压源参数设置

图 1-61　脉冲发生器参数设置

（3）仿真参数设置。将开始时间设置为"0"，终止时间设置为"10"，算法设置为"ode23tb"，如图 1-62 所示。

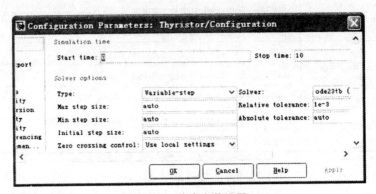

图 1-62　仿真参数设置

（4）完成以上步骤后便可以开始仿真，仿真结束后双击示波器观察波形，本实验的仿真波形如图 1-63 所示。

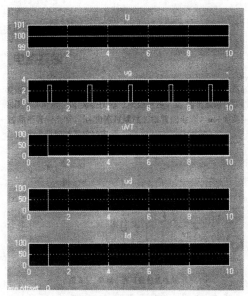

图 1-63　仿真波形

## 3. 总结分析

（1）根据仿真结果分析晶闸管的导电特性。

（2）改变仿真模型中各模块的参数设置和仿真参数，观察波形的变化，分析波形变化的原因。

# 2

# 整流器的安装与调试

## 【项目导读】

在光伏发电系统中使用的整流器是指 AC-DC 整流器，电力电子装置经常使用的电路形式有不可控的器件电力二极管整流器，半控型器件晶闸管或全控型器件结构的可控整流器，应用在不同的场合。本项目通过典型电路的安装制作，使同学快速入门并重点掌握单相可控整流器的电路特点和应用方法，不断积累经验，从而提高光伏发电系统电能变换装置的整体调测能力。

## 任务　制作与调试调光灯电路

## 【任务描述】

任务情境：制作一个调光台灯

调光灯在日常生活中的应用非常广泛，其种类也很多。图 2-1（a）是常见的调光台灯。旋动调光旋钮便可以调节灯泡的亮度。图 2-1（b）为电路原理图。

如图 2-1（b）所示，调光灯电路由主电路和触发电路两部分构成，主电路主要元件是晶闸管，控制电路产生使晶闸管导通的触发信号。通过调节触发信号的控制时间控制晶闸管整流输出电压的大小，以控制灯的明、暗程度。

任务通过搭建电路使学生能够理解电路的工作原理，进而掌握分析电路的方法。下面具体分析与该电路有关的知识：晶闸管、单相半波可控整流电路、单结晶体管触发电路等内容。

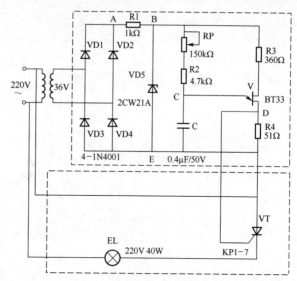

（a）调光灯          （b）调光灯电路原理图

图 2-1　调光灯

## 【相关知识】

### 一、单相可控整流电路

1. 单相半波相控整流电路

（1）电阻性负载

1）工作原理

如图 2-2（a）所示是单相半波相控整流带电阻性负载的电路。图中 $T_r$ 称为整流变压器，其二次侧的输出电压为

$$u_2 = \sqrt{2}U_2 \sin\omega t \qquad (2-1)$$

在电源正半周，晶闸管 T 承受正向电压，$\omega t < \alpha$ 期间由于未加触发脉冲 $u_g$，T 处于正向阻断状态而承受全部电压 $u_2$，负载 $R_d$ 中无电流通过，负载上压 $u_d$ 为零。在 $\omega t = \alpha$ 时 T 被 $u_g$ 触发导通，电源电压 $u_2$ 全部加在 $R_d$ 上（忽略管压降），到 $\omega t = \pi$ 时，电压 $u_2$ 过零，在上述过程中，$u_d = u_2$。随着电压的下降电流也下降，当电流下降到小于晶闸管的维持电流时，晶闸管 T 关断，此时 $i_d$、$u_d$ 均为零。在 $u_2$ 的负半周，T 承受反压，一直处于反相阻断状态，$u_2$ 全部加在 T 两端。直到下一个周期的触发脉冲 $u_g$ 到来后，T 又被触发导通，电路工作情况又重复上述过程。如图 2.1.1（b）所示。

在单相相控整流电路中，定义晶闸管从承受正向电压起到触发导通之间的电角度 $\alpha$ 称为控制角（或移相角），晶闸管在一个周期内导通的电角度称为导通角，用 $\theta$ 表示。对于图 2-2

所示的电路，若控制角为 $\alpha$，则晶闸管的导通角为

$$\theta = \pi - \alpha \tag{2-2}$$

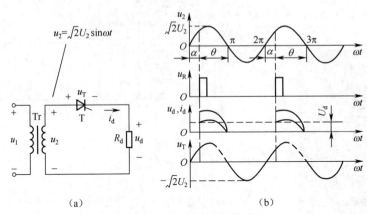

图 2-2　单相半波可控整流

2）电阻性负载时参数计算

① 整流输出电压平均值 $u_d$

根据波形图 2-2（b），可求出整流输出电压平均值为

$$U_d = \frac{1}{2\pi}\int_\alpha^\pi \sqrt{2}U_2 \sin \omega t \mathrm{d}(\omega t) = \frac{\sqrt{2}}{\pi}U_2 \frac{1+\cos\alpha}{2} = 0.45U_2 \frac{1+\cos\alpha}{2} \tag{2-3}$$

上式表明，只要改变控制角 $\alpha$（即改变触发时刻），就可以改变整流输出电压的平均值，达到相控整流的目的。这种通过控制触发脉冲的相位来控制直流输出电压大小的方式称为相位控制方式，简称相控方式。

当 $\alpha=0$ 时，$u_d=0$，当 $\alpha=\pi$ 时，$u_d=0.45\,u_2$ 为最大值。移相范围：整流输出电压 $u_d$ 的平均值从最大值变化到零时，控制角 $\alpha$ 的变化范围为移相范围。单相半波相控整流电路带电阻性负载时移相范围为 $\pi$。

② 整流输出电压的有效值 $U$

根据有效值的定义，整流输出电压的有效值为

$$U = \sqrt{\frac{1}{2\pi}\int_\alpha^\pi (\sqrt{2}U_2 \sin \omega t)^2 \cdot \mathrm{d}(\omega t)} = U_2 \sqrt{\frac{\sin 2\alpha}{4\pi} + \frac{\pi-\alpha}{2\pi}} \tag{2-4}$$

③ 整流输出电流的平均值 $I_d$ 和有效值 $I$

$$I_d = \frac{U_d}{R} \tag{2-5}$$

$$I = \frac{U}{R} \tag{2-6}$$

④ 变压器二次侧输出的有功功率 $P$、视在功率 $S$ 和功率因数 $PF$ 如果忽略晶闸管 T 的损耗，则变压器二次侧输出的有功功率为

$$P = I^2 R_d = UI \qquad (2\text{-}7)$$

电源输入的视在功率为

$$S = U_2 I \qquad (2\text{-}8)$$

电路的功率因数

$$PF = \frac{P}{S} = \frac{UI}{U_2 I} = \frac{U}{U_2} = \sqrt{\frac{\sin 2\alpha}{4\pi} + \frac{\pi - \alpha}{2\pi}} \qquad (2\text{-}9)$$

从上式可知，功率因数是控制角 $\alpha$ 的函数，且 $\alpha$ 越大，相控整流输出电压越低，功率因数 $PF$ 越小。当 $\alpha=0$ 时，$PF=0.707$ 为最大值。这是因为电路的输出电流中不仅存在谐波，而且基波电流与基波电压（即电源输入正弦电压）也不同相，即使是电阻性负载，$PF$ 也不会等于 1。

**例 2-1** 单相半波相控整流电路，电阻性负载，$R_d = 5\Omega$，由 220V 交流电源直接供电，要求输出平均直流电压 50V，求晶闸管的控制角 $\alpha$、导通角 $\theta$、电源容量及功率因数，并选用晶闸管。

**解** 由于 $U_d = 0.45 U_2 \dfrac{1 + \cos\alpha}{2}$，把 $U_d = 50\text{V}$、$U_2 = 220\text{V}$ 代入，

可得 $\alpha=89°$，导通角 $\theta = \pi - \alpha = 180° - 89° = 91° = 1.59\text{rad}$，因为

$$I = \frac{U}{R}\sqrt{\frac{\pi - \alpha}{2\pi} + \frac{\sin 2\alpha}{4\pi}} = 22\text{A} ,$$

所以电源容量

$$S = U_2 I = 4840\text{V} \cdot \text{A}$$

功率因数

$$PF = \frac{P}{S} = \frac{UI}{U_2 I} = \sqrt{\frac{\pi - \alpha}{2\pi} + \frac{\sin 2\alpha}{4\pi}} = 0.499$$

选用晶闸管元件承受的最大电压为 $U_{TM} = \sqrt{2}U_2 = 311\text{V}$，故

$U_{Tn} = (2 \sim 3)U_{Tm} = (2 \sim 3) \times 311 = 622 \sim 933\text{V}$，选取 800V。

流过晶闸管的电流的有效值为 $I_T = 22\text{A}$。

晶闸管的额定电流 $I_{T(AV)} = (1.5 \sim 2)\dfrac{I_T}{1.57} = (1.5 \sim 2) \times \dfrac{22}{1.57} = 21 \sim 28\text{A}$，故选取 30A，所以选用晶闸管的型号为 KP30-8。

（2）电感性负载（等效为电感 L 和电阻 R 串联）

1）工作原理及参数计算

整流电路的负载常常是电感性负载。感性负载可以等效为电感 L 和电阻 R 串联。图 2-3（a）是带电感性负载的单相半波可控整流电路，图 2-3（b）是整流电路各电量波形图。

当正半周时，$\omega t = \omega t_1 = \alpha$ 时刻触发晶闸管 T，$u_2$ 加到感性负载上。由于电感中感应电动势的作用，电流 $i_d$ 只能从零开始上升，到 $\omega t = \omega t_2$ 时刻达最大值，随后 $i_d$ 开始减小。由于电感

中感应电动势要阻碍电流的减小，到 $\omega t = \omega t_3$ 时刻 $u_2$ 过零变负时，$i_d$ 并未下降到零，而在继续减小，此时负载上的电压 $u_d$ 为负值。直到 $\omega t = \omega t_4$ 时刻，电感上的感应电动势与电源电压相等，$i_d$ 下降到零，晶闸管 T 关断。此后晶闸管承受反压，到下一周的 $\omega t_5$ 时刻，触发脉冲又使晶闸管导通，并重复上述过程。

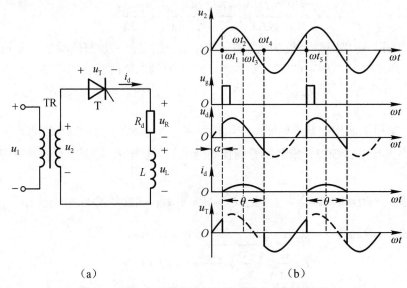

（a）　　　　　　　　　　（b）

图2-3　感性负载单相半波可控整流电路及其波形

从图 2-3（b）所示的波形可知，在电角度 $\alpha$ 到 π 期间，负载电压为正，在 π 到 $\theta+\alpha$ 期间负载上电压为负，因此，与电阻性负载相比，感性负载上所得到的输出电压平均值变小了，其值可由下式计算：

$$U_d = U_{dR} + U_{dL} = \frac{1}{2\pi}\int_{\alpha}^{\alpha+\theta} u_R \mathrm{d}(\omega t) + \frac{1}{2\pi}\int_{\alpha}^{\alpha+\theta} u_L \mathrm{d}(\omega t) \qquad (2\text{-}10)$$

$$U_{dL} = \frac{1}{2\pi}\int_{\alpha}^{\alpha+\theta} u_L \mathrm{d}(\omega t) = \frac{1}{2\pi}\int_{\alpha}^{\alpha+\theta} L\frac{\mathrm{d}i}{\mathrm{d}t} \cdot \mathrm{d}(\omega t) = \frac{\omega L}{2\pi}\int_{0}^{0} \mathrm{d}i = 0 \qquad (2\text{-}11)$$

故

$$U_d = \frac{1}{2\pi}\int_{\alpha}^{\alpha+\theta} u_R \mathrm{d}(\omega t) \qquad (2\text{-}12)$$

项目二

2）续流二极管（Free Wheeling Diode）的作用

由于负载中存在电感，使负载电压波形出现负值部分，晶闸管的导通角 $\theta$ 变大，且负载中 L 越大，$\theta$ 越大，输出电压波形图上负压的面积越大，从而使输出电压平均值减小。在大电感负载 $\omega L \gg R$ 的情况下，负载电压波形图中正负面积相近，即不论 $\alpha$ 为何值，$\theta \approx 2\pi - 2\alpha$，都有 $U_d = 0$。其波形如图 2-4 所示。

在单相半波相控整流电路中，由于电感的存在，整流输出电压的平均值将减小，特别在大电感负载（$\omega L \gg R$）时，输出电压平均值接近于零，负载上得不到应有的电压。解决的办法是在负载的两端并联续流二极管 D。

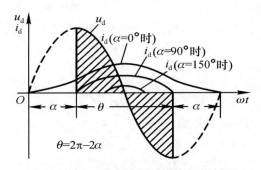

图 2-4　$\omega L \gg R$ 时不同 $\alpha$ 时的电流波形

　　如图 2-5（a）为大电感负载接续流管的单相半波整流电路。针对图示的电路，在电源电压正半周 $\omega t = \alpha$ 时刻触发晶闸管导通，二极管 D 承受反压不导通，负载上电压波形与不加二极管时相同。当电源电压过零变负时，二极管受正向电压而导通，负载上电感维持的电流经二极管继续流通，故二极管 D 称为续流二极管。二极管导通时，晶闸管被加上反向电压而关断，此时负载上电压为零不会出现负电压。

　　由此可见，在电源电压正半周，负载电流由晶闸管导通提供；电源电压负半周时，续流二极管 D 维持负载电流；因此负载电流是一个连续且平稳的直流电流。大电感负载时，负载电流波形是一条平行于横轴的直线，其值为 $I_D$。波形图如图 2-5（b）所示。

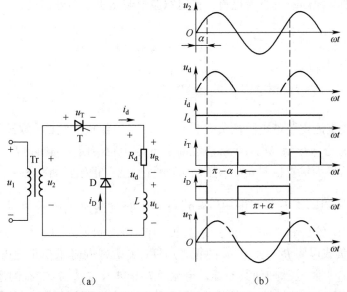

(a)　　　　　　　　　　(b)

图 2-5　大电感负载接续流二极管的单相半波整流电路及电流电压波形

3）电感性负载（大电感）参数计算

若设 $\theta_T$ 和 $\theta_D$ 分别为晶闸管和续流二极管在一个周期内的导通角，则容易得出晶闸管的电压平均值为

$$I_{dT} = \frac{\theta_T}{2\pi}I_d = \frac{\pi - \alpha}{2\pi}I_d \qquad (2\text{-}13)$$

流过续流二极管的电流平均值为

$$I_{dD} = \frac{\theta_D}{2\pi}I_d = \frac{\pi + \alpha}{2\pi}I_d \qquad (2\text{-}14)$$

流过晶闸管和续流管的电流有效值分别为

$$I_T = \sqrt{\frac{\theta_T}{2\pi}}I_d = \sqrt{\frac{\pi - \alpha}{2\pi}}I_d \qquad (2\text{-}15)$$

$$I_D = \sqrt{\frac{\theta_D}{2\pi}}I_d = \sqrt{\frac{\pi + \alpha}{2\pi}}I_d \qquad (2\text{-}16)$$

晶闸管与续流管承受的最大电压均为 $\sqrt{2}U_2$。

（3）单相半波可控整流电路的特点

1）优点

线路简单，调整方便。

2）缺点

① 输出电压脉动大，负载电流脉动大（电阻性负载时）。

② 整流变压器次级绕组中存在直流电流分量，使铁芯磁化，变压器容量不能充分利用。若不用变压器，则交流回路有直流电流，使电网波形畸变引起额外损耗。

3）应用

单相半波可控整流电路只适于小容量、波形要求不高的场合。

2. 单相桥式相控整流电路

（1）阻性负载（$\alpha$ 的移相范围是 0°～180°）

1）工作原理

单相全控桥式整流电路带电阻性负载的电路如图 2-6 组成整流桥。负载电阻是纯电阻 $R_d$。

当交流电压 $u_2$ 进入正半周时，a 端电位高于 b 端电位，两个晶闸管 $T_1$、$T_2$ 同时承受正向电压，如果此时门极无触发信号 $u_g$，则两个晶闸管仍处于正相阻断状态，其等效电阻远远大于负载电阻 $R_d$，电源电压 $u_2$ 将全部加在 $T_1$ 和 $T_2$ 上，$u_{T1} \approx u_{T2} = \frac{1}{2}u_2$，负载上电压 $u_d = 0$。

在 $\omega t = \alpha$ 时刻，给 $T_1$ 和 $T_2$ 同时加触发脉冲，则两个晶闸管立即触发导通，电源电压 $u_2$ 将通过 $T_1$ 和 $T_2$ 加在负载电阻 $R_d$ 上，在 $u_2$ 的正半周期，$T_3$、$T_4$ 同时承受正向电压，在 $\omega t = \pi + \alpha$ 时，同时给 $T_3$ 和 $T_4$ 加触发脉冲使其导通，电流经 $T_3$、$R_d$、$T_4$、$T_r$ 二次侧形成回路。在负载 $R_d$ 两端获得与 $u_2$ 正半周相同波形的整流电压和电流，在这期间 $T_1$ 和 $T_2$ 均承受反向电压而处

于阻断状态。

当 $u_2$ 由负半周电压过零变正时，$T_3$、$T_4$ 因电流过零而关断。在此期间 $T_1$、$T_2$ 因承受反向电压而截止。$u_d$、$i_d$ 又降为零。一个周期过后，$T_1$、$T_2$ 在 $\omega t = 2\pi + \alpha$ 时刻又被触发导通。如此循环下去。很明显，上述两组触发脉冲在相位上相差 180°，这就形成了图 2-6（b）（f）所示单相全控桥式整流电路输出电压。电流和晶闸管上承受电压 $u_{T4}$ 的波形图。

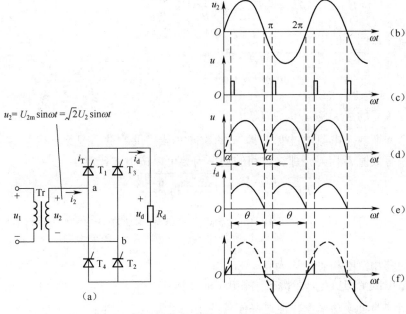

图 2-6　单相全控桥式整流电路带电阻性负载的电路与工作波形

由以上电路工作原理可知，在交流电源 $u_2$ 的正、负半周里，$T_1$、$T_2$ 和 $T_3$、$T_4$ 两组晶闸管轮流触发导通，将交流电源变成脉动的直流电。改变触发脉冲出现的时刻，即改变 $\alpha$ 的大小，$u_d$、$i_d$ 的波形和平均值随之改变。

2）阻性负载参数计算

①整流输出电压的平均值为

$$U_d = \frac{1}{\pi}\int_{\alpha}^{\pi}\sqrt{2}U_2\sin\omega t\,\mathrm{d}(\omega t) = \frac{\sqrt{2}}{\pi}U_2(1+\cos\alpha) = 0.9U_2\frac{1+\cos\alpha}{2} \qquad （2\text{-}17）$$

即 $U_d$ 为最小值时 $\alpha=180°$，$U_d$ 为最大值时 $\alpha=0°$，所以单相全控桥式整流电路带电阻性负载时，$\alpha$ 的移相范围是 0°～180°。

②整流输出电压的有效值为

$$U = \sqrt{\frac{1}{\pi}\int_{\alpha}^{\pi}(\sqrt{2}U_2\sin\omega t)^2\,\mathrm{d}(\omega t)} = U_2\sqrt{\frac{\sin 2\alpha}{2\pi} + \frac{\pi-\alpha}{\pi}} \qquad （2\text{-}18）$$

③输出电流的平均值和有效值分别为

$$I_d = \frac{U_d}{R_d} = 0.9 \frac{U_2}{R_d} \frac{1 + \cos\alpha}{2} \tag{2-19}$$

$$I = \frac{U}{R_d} = \frac{U_2}{R_d} \sqrt{\frac{\sin 2\alpha}{2\pi} + \frac{\pi - \alpha}{\pi}} \tag{2-20}$$

④流过每个晶闸管的平均电流为输出电流平均值的一半，即

$$I_{dT} = \frac{1}{2} I_d = 0.45 \frac{U_2}{R_d} \cdot \frac{1 + \cos\alpha}{2} \tag{2-21}$$

⑤流过每个晶闸管的电流有效值为

$$I_T = \sqrt{\frac{1}{2\pi} \int_\alpha^\pi \left( \frac{\sqrt{2} U_2}{R_d} \sin\omega t \right)^2 d(\omega t)} = \frac{U_2}{\sqrt{2} R_d} \sqrt{\frac{\sin 2\alpha}{2\pi} + \frac{\pi - \alpha}{\pi}} = \frac{I}{\sqrt{2}} \tag{2-22}$$

⑥晶闸管承受的最大反向电压为 $\sqrt{2} U_2$。

⑦在一个周期内，电源通过变压器 Tr 两次向负载提供能量，因此负载电流有效值 $I$ 与变压器次级电流有效值 $I_2$ 相同。那么电路的功率因数可以按下式计算。

$$PF = \frac{P}{S} = \frac{U}{U_2} = \sqrt{\frac{\sin 2\alpha}{2\pi} + \frac{\pi - \alpha}{\pi}} \tag{2-23}$$

通过上述数量关系的分析，带电阻负载时，对单相全控桥式整流电路与半波整流电路可作如下比较：

- $\alpha$ 的移相范围相等，均为 0～180°；
- 输出电压平均值 $U_d$ 是半波整流电路的 2 倍；
- 在相同的负载功率下，流过晶闸管的平均电流减小一半；
- 功率因数提高了 $\sqrt{2}$ 倍。

**例 2-2**　单相桥式全控整流电路给电阻性负载供电，要求整流输出电压 $U_d$ 能在 0～100V 内连续可调，负载最大电流为 20A。①由 220V 交流电网直接供电时，计算晶闸管的控制角 $\alpha$ 和电流有效值、电源容量 S 及 $U_d = 30V$ 时电源的功率因数 $PF$。②采用降压变压器供电，并考虑最小控制角 $\alpha_{\min} = 30°$ 时，变压器变压比 $K$ 及 $U_d = 30V$ 时电源的功率因数 $PF$。

**解：**①当 $U_d = 100V$ 时，由 $U_d = 0.9 U_2 \frac{1 + \cos\alpha}{2}$ 可得：

$$\cos\alpha = \frac{2U_d}{0.9 U_2} - 1 = \frac{2 \times 100}{0.9 \times 220} - 1 = 0.0101, \quad \alpha = 89.4°$$

当 $U_d = 0V$ 时，$\alpha = 180°$。所以控制角在 89.4°～180° 内变化。

负载电流有效值为

$$I = \frac{U_2}{R_d} \sqrt{\frac{1}{2\pi} \sin 2\alpha + \frac{\pi - \alpha}{\pi}}$$

其中

$$R_d = \frac{U_{d\,\max}}{I_{d\,\max}} = \frac{100}{20} = 5\Omega$$

当 $\alpha$=89.4°时，$I = 31\text{A}$，流过晶闸管的电流有效值为

$$I_T = \sqrt{\frac{1}{2}}\,I = 22\text{A}$$

电源容量 $S = U_2 I = 6820\text{V}\cdot\text{A}$。

当 $U_d = 30\text{V}$ 时，$\alpha$=134.2°，此时电源的功率因数为

$$PF = \sqrt{\frac{1}{2\pi}\sin 2\alpha + \frac{\pi - \alpha}{\pi}} = 0.31$$

②当采用降压变压器，$U_1 = 220\text{V}$，$\alpha_{\min} = 30°$ 时，$U_{d\,\max} = 100\text{V}$

所以变压器副边电压为

$$U_2 = \frac{U_d}{0.45(1 + \cos\alpha)} = 119\text{V}$$

变压比为

$$K = \frac{U_1}{U_2} = \frac{220}{119} \approx 2$$

当 $U_d = 30\text{V}$ 时，$\alpha$=116°此时电源的功率因数为

$$PF = \sqrt{\frac{1}{2\pi}\sin 2\alpha + \frac{\pi - \alpha}{\pi}} = 0.48$$

由此可见，在计算晶闸管、变压器电流时应计算最大值。整流变压器的作用不仅能使整流电路与交流电网隔离，还可以通过合理选择 $U_2$，提高电源功率因数、降低晶闸管所承受电压的最大值和减小电源容量，防止相控整流电路中高次谐波对电网的影响。

（2）带电感负载工作原理分析

当负载有电感与电阻组成时被称为阻感性负载。例如各种电机的励磁绕组，整流输出端接有平波电抗器的负载等。

在电源电压 $u_2$ 正半周期间，$T_1$、$T_2$ 承受正向电压，若在 $\omega t = \alpha$ 时刻触发 $T_1$、$T_2$ 导通，电流经 $T_1$、负载、$T_2$ 和 $T_r$ 二次回路，但由于大电感的存在，$u_2$ 过零变负时，电感上的感应电动势使 $T_1$、$T_2$ 继续导通，直到 $T_3$、$T_4$ 被触发导通时，$T_1$、$T_2$ 承受反向电压而关断。输出电压的波形出现了负值部分。

在电源电压 $u_2$ 负半周期，晶闸管 $T_3$、$T_4$ 受正向电压，在 $\omega t = \pi + \alpha$ 时刻触发 $T_3$、$T_4$ 导通，$T_1$、$T_2$ 受反向电压而关断，负载电流从 $T_1$、$T_2$ 中换流至 $T_3$、$T_4$ 中。在 $\omega t = 2\pi$ 时电压 $u_2$ 过零，$T_3$、$T_4$ 因电感中的感应电动势并不断，直到下个周期 $T_1$、$T_2$ 导通时，$T_3$、$T_4$ 加上反向电压才关断。

值得注意的是，只有当 $\alpha \leqslant \dfrac{\pi}{2}$ 时，负载电流 $i_d$ 才连续，当 $\alpha > \dfrac{\pi}{2}$ 时，负载电流不连续，而

且输出电压的平均值均接近于零，因此这种电路控制角的移相范围是 $0 \sim \dfrac{\pi}{2}$。

1）在电流连续的情况下整流输出电压的平均值为

$$U_d = \frac{1}{\pi} \int_{\alpha}^{\pi+\alpha} \sqrt{2} U_2 \sin \omega t d(\omega t) = \frac{2\sqrt{2}}{\pi} U_2 \cos \alpha = 0.9 U_2 \cos \alpha \quad (0° \leqslant \alpha \leqslant 90°) \qquad (2\text{-}24)$$

2）整流输出电压有效值为

$$U = \sqrt{\frac{1}{\pi} \int_{\alpha}^{\pi+\alpha} (\sqrt{2} U_2 \sin \omega t)^2 d(\omega t)} = U_2 \qquad (2\text{-}25)$$

3）晶闸管承受的最大正反向电压为 $\sqrt{2} U_2$。

4）在一个周期内每组晶闸管各导通 180°，两组轮流导通，变压器次级中的电流是正负对称的方波，电流的平均值 $I_d$ 和有效值 $I$ 相等，其波形系数为 1。

5）在电流连续的情况下整流输出电流的平均值为

$$I_{dT} = \frac{\theta_T}{2\pi} I_d = \frac{\pi}{2\pi} I_d = \frac{1}{2} I_d \qquad (2\text{-}26)$$

$$I_T = \sqrt{\frac{\theta_T}{2\pi}} I_d = \sqrt{\frac{\pi}{2\pi}} I_d = \frac{1}{\sqrt{2}} I_d \qquad (2\text{-}27)$$

在大电感负载情况下，$\alpha$ 接近 $\pi/2$ 时，输出电流的平均值接近于零，负载上的电压太小。且理想的大电感负载是不存在的，故实际电流波形不可能是一条直线，而且在 $\alpha=\pi$ 之前，电流就出现断流。电感量越小，电流开始断续的 $\alpha$ 值就越小。

（3）反电动势负载

反电动势负载：对于可控整流电路来说，被充电的蓄电池、电容器、正在运行的直流电动机的电枢（电枢旋转时产生感应电动势 $E$）等本身是一个直流电压的负载。

整流电路接有反电动势负载时，如果整流电路中电感 $L$ 为零，如图 2-7 所示，当整流电压的瞬时值 $U_d$ 小于反电势 $E$ 时，晶闸管承受反压而关断。只有当电源电压 $U_2$ 的瞬时值大于反电动势 $E$ 时，晶闸管才会有正向电压，才能触发导通。导通期间，只有当 $U_2$ 的绝对值等于 $E$，电流 $i$ 的值降至零时，晶闸管关断。导通角 $\theta < \pi$ 时，整流电流波形出现断流。其波形如图 2-8 所示，图中的 $\delta$ 为停止导电角。也就是说与电阻负载时相比，晶闸管提前了 $\delta$ 电角度停止导电。

$\alpha < \delta$ 时，若触发脉冲到来，晶闸管因承受负电压不可能导通。为了使晶闸管可靠导通，要求触发脉冲有足够的宽度，保证当 $\omega t = \delta$ 时刻晶闸管开始承受电压时，触发脉冲仍然存在。这样就要求触发角 $\alpha \geqslant \delta$。

$$\delta = \arcsin \frac{E}{\sqrt{2} U_2} \qquad (2\text{-}28)$$

1）整流器输出端直流电压平均值

$$U_d = E + \frac{1}{\pi} \int_{\alpha}^{\pi-\delta} (\sqrt{2} U_2 \sin \omega t - E) d(\omega t)$$

$$= E + \frac{1}{\pi}\Big[ \sqrt{2}U_2(\cos\delta + \cos\alpha) - E(\pi - \delta - \alpha) \Big]$$

$$= \frac{1}{\pi}\Big[ 2\sqrt{2}U_2(\cos\delta + \cos\alpha) \Big] + \frac{\delta + \alpha}{\pi}E \qquad (2\text{-}29)$$

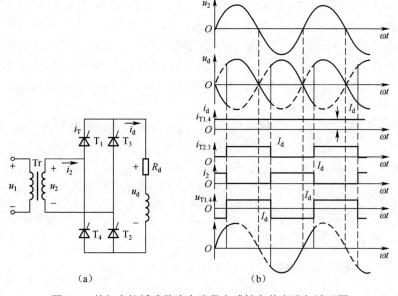

(a)　　　　　　　　　　　　　(b)

图 2-7　单相全控桥式整流电路带电感性负载电路与波形图

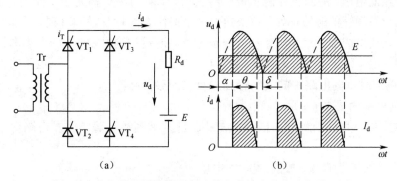

（a）　　　　　　　　　　　　（b）

图 2-8　单相全控桥式整流电路带电感性负载电路与波形图

**2）整流电流的平均值**

$$I_d = \frac{1}{\pi}\int_\alpha^{\pi-\delta} i_d \mathrm{d}(\omega t) = \frac{1}{\pi}\int_\alpha^{\pi-\delta} \frac{\sqrt{2}U_2\sin\omega t - E}{R_d}$$

$$= \frac{1}{\pi R_d}\Big[ \sqrt{2}U_2(\cos\delta + \cos\alpha) - \theta E \Big] \qquad (2\text{-}30)$$

项目二

3）停止导电角

$$\delta = \arcsin \frac{E}{\sqrt{2}U_2} \qquad (2\text{-}31)$$

整流输出直接接反电动势负载时，由于晶闸管导通角减小，电流不连续，而负载回路中的电阻又很小，在输出同样的平均电流时，峰值电流大，因而电流有效值将比平均电流大很多，这对直流电动机负载来说，将使其换向电流加大，易产生火花。对于交流电源来说，则因为电流有效值大，要求电源的容量大，其功率因数会降低。因此，一般反电动势负载回路中常串联平波电抗器，这样可以增大时间常数，延长晶闸管的导通时间，使电流连续。只要电感足够大，就能使导通角 $\theta=180°$，使得输出电流波形变得连续平直，从而改善了整流装置及电动机的工作条件。

在上述条件下，整流电压 $u_d$ 的波形和负载电流 $i_d$ 的波形与带电感负载电流时的波形相同，$U_d$ 的计算公式也一样。针对电动机在低速轻载运行时电流连续的临界情况，可计算出需要的电感量 $L$。

$$L = \frac{2\sqrt{2}U_2}{\pi \omega I_{d\min}} \qquad (2\text{-}32)$$

式中，$L$ 为主电路总电感量，其单位为 H。

## 二、晶闸管可控整流驱动电路

对于相控电路这样使用晶闸管的场合，在晶闸管阳极加上正向电压后，还必须在门极与阴极之间加上触发电压，晶闸管才能从截止转变为导通，习惯上称为触发控制。提供这个触发电压的电路称为晶闸管的触发电路。它决定每一个晶闸管的触发导通时刻，是晶闸管装置中不可缺少的一个重要组成部分。晶闸管相控整流电路，通过控制触发角 $\alpha$ 的大小即控制触发脉冲起始位来控制输出电压的大小。为保证相控电路的正常工作，很重要的一点是应保证按触发角 $\alpha$ 的大小在正确的时刻向电路中的晶闸管施加有效的触发脉冲。

1. 对触发电路的要求

晶闸管触发主要有移相触发、过零触发和脉冲列调制触发等。触发电路对其产生的触发脉冲要求：

（1）触发信号可为直流、交流或脉冲电压。

（2）触发信号应有足够的功率（触发电压和触发电流）。

（3）触发脉冲应有一定的宽度，脉冲的前沿尽可能陡，以使元件在触发导通后，阳极电流能迅速上升超过擎住电流而维持导通。

（4）触发脉冲必须与晶闸管的阳极电压同步，脉冲移相范围必须满足电路要求。

2. 单结晶体管触发电路

由单结晶体管构成的触发电路具有简单、可靠、抗干扰能力强、温度补偿性能好，脉冲前沿陡等优点，在小容量的晶闸管装置中得到了广泛应用。

（1）单结晶体管

单结晶体管的结构。单结晶体管的原理结构如图 2-9（a）所示，它有三个电极，e 为发射极，$b_1$ 为第一基极，$b_2$ 为第二基极。因为只有一个 PN 结，故称为"单结晶体管"，又因为有两个基极，所以又称为"双极二极管"。

单结晶体管等效电路如图 2-9（b）所示，两个基极间的电阻 $R_{bb}=R_{b1}+R_{b2}$，一般为 2～12kΩ。正常工作时，$R_{b1}$ 随发射极电流大小而变化，相当于一个可变电阻。PN 结可等效为二极管 VD，它的正向管压降通常为 0.7V。单结晶体管的电气符号如图 2-9（c）所示。触发电路常用的国产单结晶体管型号主要有 BT31、BT33、BT35，外形与管脚排列如图 2-9（d）所示，实物图、管脚如图 2-10 所示。

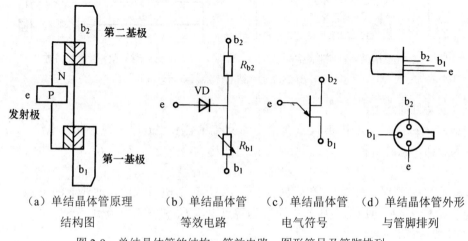

（a）单结晶体管原理　　（b）单结晶体管　　（c）单结晶体管　　（d）单结晶体管外形
　　　结构图　　　　　　　等效电路　　　　电气符号　　　与管脚排列

图 2-9　单结晶体管的结构、等效电路、图形符号及管脚排列

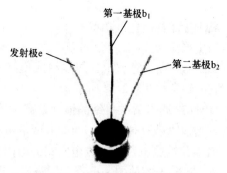

图 2-10　单结晶体管实物及管脚

（2）单结晶体管的伏安特性及主要参数

1）单结晶体管的伏安特性。单结晶体管的伏安特性是当两基极 $b_1$ 和 $b_2$ 间加某一固定直流电压 $U_{bb}$ 时，发射极电流 $I_e$ 与发射极正向电压 $U_e$ 之间的关系曲线称为单结晶体管的伏安特

性 $I_e=f(U_e)$，试验电路图及特性如图 2-11 所示。当开关 S 断开，$I_{bb}$ 为零，加发射极电压 $U_e$ 时，得到如图 2-11（b）中①所示伏安特性曲线，该曲线与二极管伏安特性曲线相似。

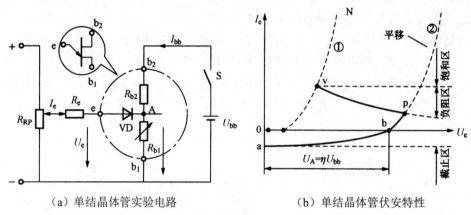

（a）单结晶体管实验电路　　　　（b）单结晶体管伏安特性

图 2-11　单结晶体管伏安特性

在伏安特性曲线上：

①ap 段为截止区。其中 ab 段只有很小的反向漏电流，bp 段出现正向漏电流。p 点为截止状态进入导通状态的转折点。p 点所对应的电压称为峰点电压 $U_p$，所对应的电流称为峰点电流 $I_p$。

②pv 段为负阻区。随着 $I_e$ 增大 $U_e$ 下降，$R_{b1}$ 呈现负电阻特性。曲线上的 v 点 $U_e$ 最小，v 点称为谷点。谷点所对应的电压和电流称为谷点电压 $U_v$ 和谷点电流 $I_v$。

③vN 段为饱和区。

2）单结晶体管的主要参数。单结晶体管的主要参数有基极间电阻 $R_{bb}$、分压比 $\eta=\dfrac{R_{b1}}{R_{b1}+R_{b2}}$、峰点电流 $I_p$、谷点电压 $U_v$、谷点电流 $I_v$ 及耗散功率等。

（3）单结晶体管张弛振荡电路

利用单结晶体管的负阻特性和电容的充放电，可以组成单结晶体管张弛振荡电路。单结晶体管张弛振荡电路的电路图和波形，如图 2-12 所示。

设电容器初始没有电压，电路接通以后，单结晶体管是截止的，电源经电阻 $R$、$R_P$ 对电容 $C$ 进行充电，电容电压从零起按指数规律上升；当电容两端电压达到单结晶体管的峰点电压 $U_p$ 时，单结晶体管导通，电容开始放电，由于放电回路的电阻很小，因此放电很快，放电电流在电阻 $R_1$ 上产生了尖脉冲。随着电容放电，电容电压降低，当电容电压降到谷点电压 $U_v$ 以下，单结晶体管截止，接着电源又重新对电容进行充电，如此周而复始，在电容 $C$ 两端会产生一个锯齿波，在电阻 $R_1$ 两端将产生一个尖脉冲波，如图 2-12（b）所示。

（4）单结晶体管触发电路

上述单结晶体管张弛振荡电路输出的尖脉冲可以用来触发晶闸管，但不能直接作为脉冲，还必须解决触发脉冲与主电路的同步问题。

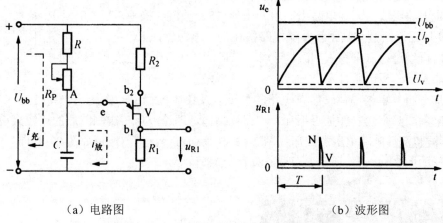

（a）电路图　　　　　　　　　　　（b）波形图

图 2-12　单结晶体管张弛振荡电路电路图和波形图

图 2-13 所示为单结晶体管触发电路，是由同步电路和脉冲移相与形成电路两部分组成的。

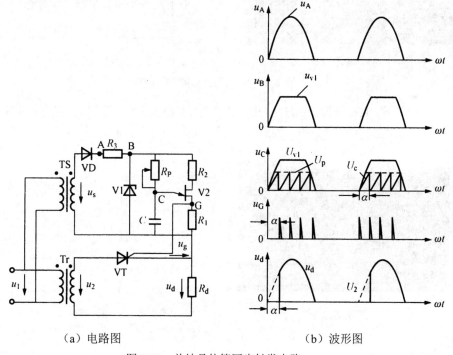

（a）电路图　　　　　　　　　　　（b）波形图

图 2-13　单结晶体管同步触发电路

1）同步电路

①什么是同步。触发信号和电源电压在频率和相位上相互协调的关系叫同步。例如，在

单相半波可控整流电路中，触发脉冲应出现在电源电压正半周范围内，而且每个周期的 $\alpha$ 角相同，确保电路输出波形不变，输出电压稳定。

②同步电路组成。同步电路由同步变压器 TS、整流二极管 VD、电阻 $R_3$ 及稳压管 $V_1$ 组成。同步变压器一次侧与晶闸管整流电路接在同一电源上，交流电压经同步变压器降压、单相半波整流后再经过稳压管稳压削波，形成一梯形波电压，作为触发电路的供电电压。梯形波电压零点与晶闸管阳极电压过零点一致，从而实现触发电路与整流主电路的同步。

③波形分析。单结晶体管触发电路的调试以及使用过程中的检修，主要是通过几个点的典型波形来判断某个元器件是否正常。为此我们通过理论波形与实测波形的比较来进行分析。

a．半波整流后脉动电压的波形（图 2-13 中"A"点）。实测波形如图 2-14（a）所示，理论分析波形如图 2-14（b）所示，可进行对照比较。

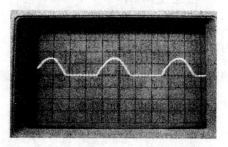 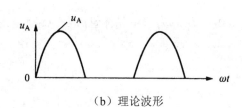

（a）实测波形　　　　　　　　　　　　（b）理论波形

图 2-14　半波整流后的电压波形

b．削波后梯形电压波形（图 2-13 中"B"点）。经稳压管削波后的梯形波如图 2-15 所示，图 2-15（a）为实测波形、图（b）为理论波形，可进行对照比较。

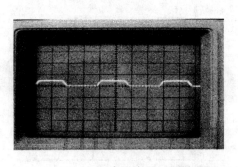 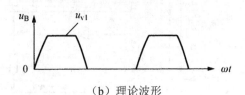

（a）实测波形　　　　　　　　　　　　（b）理论波形

图 2-15　削波后的梯形电压波形

2）脉冲移相与形成

①电路组成。脉冲移相与形成电路实际上就是上述的张弛振荡电路。脉冲移相由电阻 $R_P$ 和电容 C 组成，脉冲形成由单结晶体管、电阻 $R_2$、输出电阻 $R_1$ 组成。

改变张弛振荡电路中电容 C 的充电电阻的阻值，就可以改变充电的时间常数，图 2-13 中用电位器 RP 来实现这一变化。

②波形分析。

a. 电容电压的波形（图 2-13 中"C"点）。C 点的实测波形如图 2-16（a）所示。由于电容每半个周期在电源电压过零点从零开始充电，当电容两端的电压上升到单结晶体管峰点电压时，单结晶体管导通，触发电路送出脉冲，电容的容量和充电电阻 $R_P$ 的大小决定了电容两端的电压从零上升到单结晶体管峰点电压的时间，因此本触发电路无法实现在电源电压过零点即 α=0° 时送出触发脉冲。图 2-16（b）为理论波形，调节电位器 $R_P$ 的旋钮，可观察 C 点波形的变化范围。

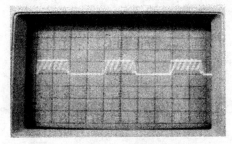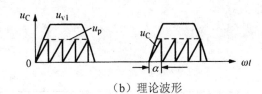

(a) 实测波形　　　　　　　　　　　(b) 理论波形

图 2-16　电容两端电压波形

b. 输出脉冲的波形（图 2-13 中"G"点）。测得 G 点的波形如图 2-17（a）所示，单结晶体管导通后，电容通过单结晶体管的 $eb_1$ 迅速向输出电阻 $R_1$ 放电，在 $R_1$ 上得到很窄的尖脉冲。图 2-17（b）为理论波形，可对照进行比较。调节电位器 $R_P$ 的旋钮，观察 G 点的波形的变化范围。

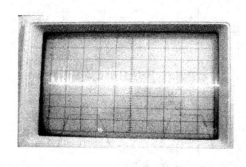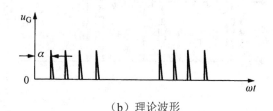

(a) 实测波形　　　　　　　　　　　(b) 理论波形

图 2-17　输出波形

从上图可见，单结晶体管触发电路只能产生窄脉冲。对于电感较大的负载，由于晶闸管在触发导通时阳极电流上升较慢，在阳极电流还未达到管子擎住电流时，触发脉冲已经消失，使晶闸管在触发期间导通后又重新关断。所以单结晶体管如不采取脉冲扩宽措施，是不宜触发电感性负载的。

单结晶体管触发电路一般用于触发带电阻性负载的小功率晶闸管。为满足三相桥式整流电路中晶闸管的导通要求，触发电路应能输出双窄脉冲或宽脉冲。下面讨论能够输出双窄脉冲或宽脉冲的触发电路。

3. 同步信号为锯齿波的触发电路

同步信号为锯齿波的触发电路，由于采用锯齿波同步电压，所以不受电网电压波动的影响，电路的抗干扰能力强，在触发 200A 以下的晶闸管变流电路中得到了广泛的应用。锯齿波触发电路主要由脉冲形成与放大、锯齿波形成和脉冲移相、同步、双窄脉冲形成、强触发等环节组成，如图 2-18 所示。下面进行简单介绍。

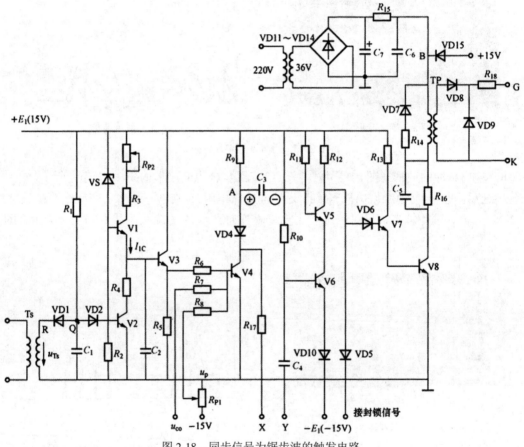

图 2-18　同步信号为锯齿波的触发电路

（1）脉冲形成与放大环节

如图 2-18 所示，脉冲形成环节由 V4、V5 构成；放大环节由 V7、V8 组成。控制电压 $u_{co}$

加在 V4 的基极上，电路的触发脉冲由脉冲变压器 TP 的二次绕组输出。脉冲前沿由 V4 导通时刻确定，V5（或 V6）的截止持续时间即为脉冲宽度。

（2）锯齿波的形成和脉冲移相环节

锯齿波电压形成采用了恒流源电路方案，由 V1、V2、V3 和 $C_2$ 等元件组成，其中 V1、VS、$R_{P2}$ 和 $R_3$ 为一恒流源电路。

1）当 V2 截止时，恒流源电流 $I_{1C}$ 对电容 $C_2$ 充电，$u_c$（$u_{b3}$）按线性规律增长，形成锯齿波上升沿；调节电位器 $R_{P2}$，可改变 $C_2$ 的恒定充电电流 $I_{1C}$。可见 $R_{P2}$ 是用来调节锯齿波上升沿斜率的。

2）当 V2 导通时，因 $R_4$ 很小，所以 $C_2$ 迅速放电，使得 $u_{b3}$（$u_c$）的电位迅速降到零伏附近。当 V2 周期性地导通和关断时，$u_{b3}$ 便形成一锯齿波，同样 $u_{e3}$ 也是一个锯齿波。

3）V4 基极电位由锯齿波电压 $u_{e3}$、控制电压 $u_{co}$、直流偏移电压 $u_p$ 三者的叠加作用所决定，它们分别通过电阻 $R_6$、$R_7$、$R_8$ 与 V4 基极连接。

根据叠加原理，先设 $u_h$ 为锯齿波电压 $u_{e3}$ 单独作用在 V4 基极时的电压，$u_h$ 仍为锯齿波，但斜率比 $u_{e3}$ 低。直流偏移电压 $u_p$ 单独作用在 V4 基极时的电压 $u'_p$ 也为一条与 $u_p$ 平行的直线，但绝对值比 $u_p$ 小。控制电压 $u_{co}$ 单独作用在 V4 基极时的电压 $u'_{co}$ 仍为一条与 $u_{co}$ 平的直线，但绝对值比 $u_{co}$ 小。

如果 $u_{co}=0$，$u_p$ 为负值时，b4 点的波形由 $u_h+u'_p$ 确定。当 $u_{co}$ 为正值时，b4 点的波形由 $u_h+u'_p+u'_{co}$ 确定。实际波形如图 2-19 所示，图中 M 点是 V4 由截止到导通的转折点，也就是脉冲的前沿。V4 经过 M 点时电路输出脉冲。因此当 $u_p$ 为某固定值时，改变 $u_{co}$ 便可以改变 M 点的坐标，即改变了脉冲产生时刻，脉冲被移相。可见加 $u_p$ 的目的是为了确定控制电压 $u_{co}=0$ 时脉冲的初始相位。

（3）同步环节

对于同步信号为锯齿波的触发电路，与主电路同步是指要求锯齿波的频率与主电路电源的频率相同且相位关系确定。从图 2-18 可知，锯齿波是由开关管 V2 控制的，V2 由导通变截止期间产生锯齿波，V2 截止状态维持的时间就是锯齿波的宽度，V2 的开关频率就是锯齿波的频率。图 2-18 中的同步环节由同步变压器 TS、VDl、VD2、$C_1$、$R_1$ 和作同步开关用的晶体管 V2 组成。同步变压器和整流变压器接在同一电源上，这就保证了触发脉冲与主电路电源同步。用同步变压器的二次电压来控制 V2 的通断，V2 在一个正弦波周期内，有截止与导通两个状态，对应锯齿波波形恰好是一个周期，与主电路电源频率和相位完全同步，达到同步的目的。可以看出，锯齿波的宽度是由充电时间常数 $R_1C_1$ 决定的。

（4）双窄脉冲形成环节

图 2-18 所示的触发电路在一个周期内可输出两个间隔 60°的脉冲，称为内双脉冲电路。而在触发器外部通过脉冲变压器的连接得到的双脉冲称为外双脉冲。内双脉冲电路的一个脉冲由本相触发单元的 $u_{co}$ 控制产生。隔 60°的第二个脉冲是由滞后 60°相位的后一相触发单元生成

一个控制信号引至本单元，使本相触发单元第二次输出触发脉冲。

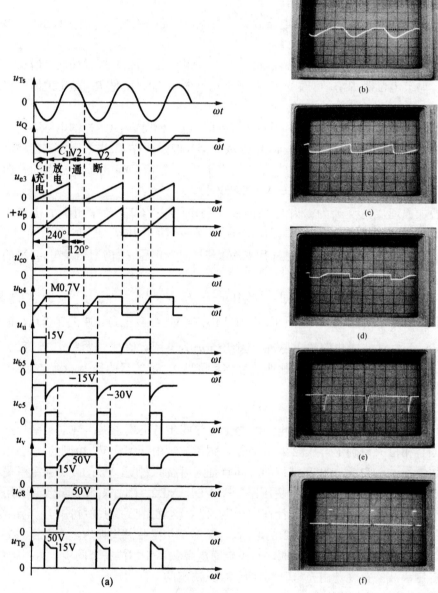

（a）理论波形；（b）$u_Q$波形；（c）$u_{b3}$锯齿波波形；（d）$u_{b4}$波形；（e）$u_{b5}$波形；（f）$u_{c5}$波形

图 2-19　同步信号为锯齿波的触发电路的工作波形

　　在三相桥式全控整流电路中，要求晶闸管的触发导通彼此间隔 60°，顺序为 VT1→VT2→VT3→VT4→VT5→VT6，相邻器件成双触发导通。因此双脉冲环节的接线可按图 2-20 进行。

项目二

六个触发器的连接顺序是：1Y2X、2Y3X、3Y4X、4Y5X、5Y6X、6YIX。

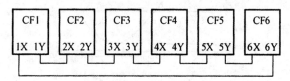

图 2-20　触发器的连接顺序

（5）强触发环节如图 2-18 所示，强触发环节中的 36V 交流电压经整流、滤波后得到 50V 直流电压，50V 电源经 $R_{15}$ 对 $C_6$ 充电，B 点电位为 50V。当 V8 导通时，$C_6$ 经脉冲变压器一次侧 $R_{16}$、V8 迅速放电，形成脉冲尖峰，由于 $R_{16}$ 阻值很小，B 点电位迅速下降。当 B 点电位下降到 14.3V 时 VDI5 导通，B 点电位被 15V 电源钳位在 14.3V，形成脉冲平台。$R_{14}$、$C_5$ 组成加速电路，用来提高触发脉冲前沿陡度。

强触发可以缩短晶闸管的开通时间，提高电流上升率和承受能力，有利于改善串、并联元件的均压和均流，提高触发可靠性。

4. 集成触发电路

使用集成触发器可使触发电路更加小型化，结构更加标准统一化，大大简化了触发电路的生产、调试及维修。目前国内生产的集成触发器有 KJ 系列和 KC 系列，下面简要介绍 KC 系列的 KC04 移相触发器。

（1）KC04 移相触发器的主要技术指标

电源电压为 DC±15 V，允许波动为±5%；电源电流中正电流小于等于 15mA，负电流小于等于 8mA；移相范围大于等于 170°；脉冲宽度 400μs～2ms；脉冲幅值大于等于 13V；最大输出能力为 100mA；正负半周脉冲不均衡小于等于±3°；环境温度为-10～70°C。

（2）内部结构与工作原理

KC04 移相触发器的内部线路与分立元件组成的锯齿波触发电路相似，也是由锯齿波形成、移相控制、脉冲形成及放大、脉冲输出等基本环节组成。由于集成触发电路内部无法看到，作为使用者来说，更关心的是芯片外部管脚的功能。KC04 移相触发器的管脚分布如图 2-21 所示，各脚的波形如图 2-22 所示。

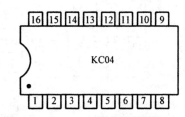

图 2-21　KC04 移相触发器的管脚分布

管脚 1 和管脚 15 之间输出双路脉冲，两路脉冲相位互差 180°，它可以作为三相全控桥主电路同一相上下桥臂晶闸管的触发脉冲。可以与 KC41 双脉冲形成器、KC42 脉冲列形成器构成六路双窄脉冲触发器。其 16 脚接+5V 电源，8 脚输入同步电压优 $u_s$。4 脚形成的锯齿波可以通过调节电位器改变锯齿波斜率。9 脚为锯齿波、直流偏移电压 $-U_b$ 和移相控制直流电压 $U_c$ 综合比较输入。13 脚可提供脉冲列调制和脉冲封锁的控制。

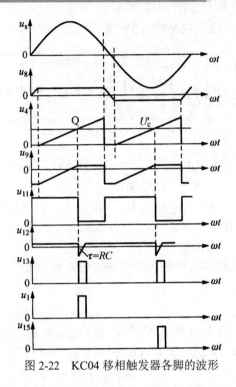

图 2-22　KC04 移相触发器各脚的波形

　　图 2-23 给出了 KC04 的一个典型应用电路，从芯片与外围电路的连接也可以看出部分管脚的功能。

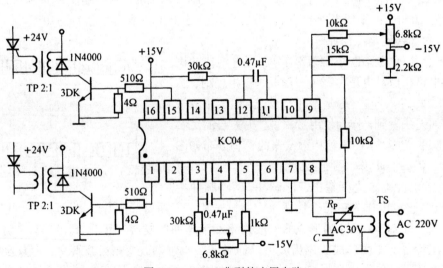

图 2-23　KC04 典型的应用电路

　　KC04 移相触发器主要用于单相或三相全控桥式装置。KC 系列中还有 KC01、KC09 等。

KC01 主要用于单相、三相半控桥等整流电路的移相触发,可获得 60°的宽脉冲。KC09 是 KC04 的改进型,两者可互换,适用于单相、三相全控式整流电路中的移相触发,可输出两路相位差 180°的脉冲。它们都具有输出带负载能力大、移相性能好以及抗干扰能力强的特点。

## 【知识拓展】三相可控整流电路

### 一、三相半波可控整流电路(电阻性负载)

三相半波可控整流电路原理图如图 2-24(a)所示,为了得到零线,整流变压器 Tr 的二次绕组接成星形;为了给三次谐波电流提供通路,减少高次谐波对电网的影响,变压器一次绕组接成三角形;图中三个晶闸管的阴极连在一起,称为共阴极接法。三个晶闸管的触发脉冲互差 120°,在三相整流电路中,通常规定 $\omega t=30°$ 为控制角 $\alpha$ 的起点,称为自然换相点。三相半波共阴极整流电路的自然换相点是三相电源相电压正半周波形的交点,在各相相电压的 30°处,即 $\omega t_1$、$\omega t_2$、$\omega t_3$ 点。自然换相点之间互差 120°。

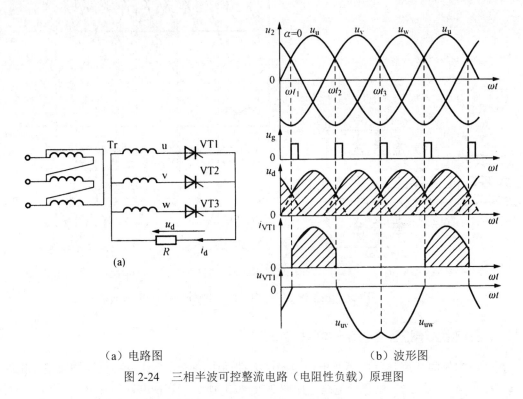

(a)电路图　　　　　　　　　　(b)波形图

图 2-24　三相半波可控整流电路(电阻性负载)原理图

### 二、三相桥式全控整流电路(电阻性负载)

三相全控桥式整流电路可以看作是共阴极接法的三相半波(VT1、VT3、VT5)和共阳极接法的三相半波（VT4、VT6、VT2）的串联组合，如图 2-25（a）所示。由于共阴极组在正半周导电，流经变压器的是正向电流；而共阳极组在负半周导电，流经变压器的是反向电流。因此变压器绕组中没有直流磁通，且每相绕组正负半周都有电流流过，提高了变压器的利用率。共阴极组的输出电压是输入电压的正半周，共阳极组的输出电压是输入电压的负半周，总的输出电压是正、负两个输出电压的串联。

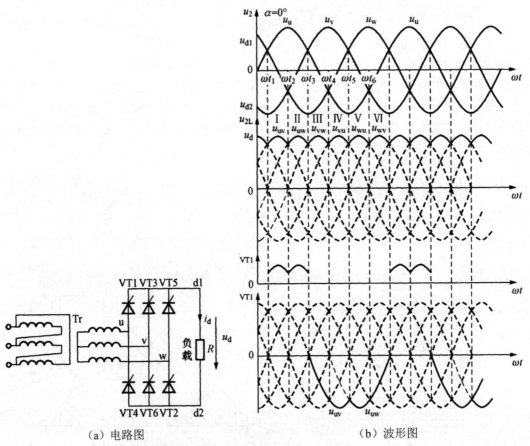

（a）电路图　　　　　　　　　　　（b）波形图

图 2-25　三相桥式全控整流电路结构图和带电阻性负载 $\alpha=0°$ 时的波形

### 三、三相桥式半控整流电路（电阻性负载）

在中等容量的整流装置或不要求可逆的电力拖动中，可采用比三相全控桥式整流电路更简单、经济的三相桥式半控整流电路，如图 2-26（a）所示，它由共阴极接法的三相半波可控整流电路与共阳极接法的三相半波不可控整流电路串联而成，因此这种电路兼有可控与不可控两者的特性。共阳极组的三个整流二极管总是在自然换流点换流，使电流换到阴极电位更低的一相中去；而共阴极组的三个晶闸管则要在触发后才能换到阳极电位高的那一相中去。输出整

流电压 $u_d$ 的波形是二组整流电压波形之和,改变共阴极组晶闸管的控制角 $\alpha$,可获得 $0\sim 2.34U_2$ 的直流可调电压。

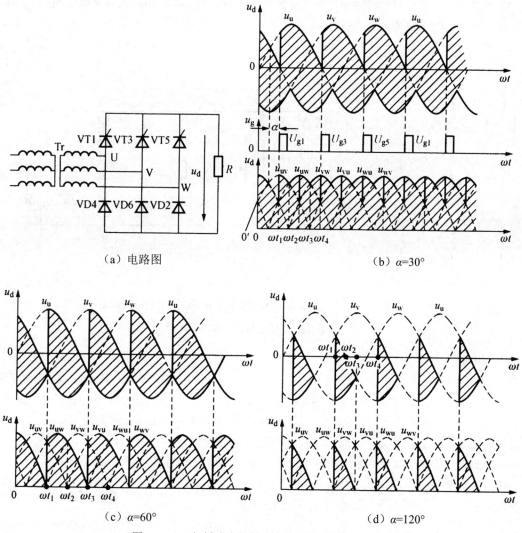

（a）电路图

（b）$\alpha=30°$

（c）$\alpha=60°$

（d）$\alpha=120°$

图 2-26　三相桥式半控整流电路及其电压电流波形

## 四、带平衡电抗器的双反星形大功率整流电路

电解、电镀等设备需要低电压大电流可控直流电源,这些电源电压一般只有几十伏,而电流高达几千至几万安。如果采用三相半波可控整流电路,则每相需要十几个晶闸管并联才能满足这么大的电流,使均流、保护等一系列问题复杂化。我们知道,三相桥式电路是两个三相半波电路的串联,适宜在高电压小电流的情况下工作;对于低压大电流负载,能否用两组三相

半波整流电路并联工作，利用整流变压器二次侧的适当连接，达到消除三相半波整流电路变压器直流磁化的缺点，这就是带平衡电抗器的双反星形可控整流电路。

图 2-27（a）为有两组二次绕组的双反星形变压器，图 2-27（b）为带平衡电抗器 $L_B$ 的双反星形可控整流电路原理图。

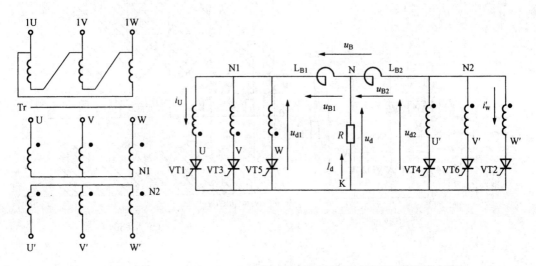

（a）双反星形三相变压器　　　　　（b）带平衡电抗器的双反星形可控整流电路

图 2-27　带平衡电抗器的双反星形整流电路和双反星形三相变压器

电路中整流变压器一次绕组接成三角形，两组二次绕组 U、V、W 和 U′、V′、W′接成星形，但接到晶闸管的两绕组同名端相反，画出的电压矢量图是两个相反的星形，故称双反星形。在两个中点 N1～N2 之间接有平衡电抗器 $L_B$ $(L_{B1}+L_{B2})$。平衡电抗器就是一个带有中心抽头的铁芯线圈，抽头两侧的绕组匝数相等，二次侧电感量 $L_{B1}=L_{B2}$，在任一次侧线圈中有交变电流流过时，在 $L_{B1}$ 与 $L_{B2}$ 中均会有大小相同、方向一致的感应电动势产生。

可见双反星形整流电路是由两个三相半波整流电路并联而成，每组供给总负载电流的一半。它与由两个三相半波电路串联而成的三相桥式电路相比，输出电流可增大一倍。变压器二次侧两绕组的极性相反是为了消除变压器中的直流磁势。

## 【任务实施】制作与调试调光灯电路

### 一、实训目标

（1）掌握晶闸管主电路和触发电路的结构。

（2）能按照工艺要求安装电路。

（3）会检测电路中的元件。

（4）掌握触发电路的调试方法，会观测分析波形。

（5）掌握晶闸管主电路测试方法，会测试关键点参数。

（6）会分析和排除常见故障。

## 二、实训场所及器材

地点：应用电子技术实训室。

器材：操作台、示波器、万用表及装配工具。

## 三、实训步骤

### 1. 晶闸管的选择

在实际使用的过程中，我们往往要根据实际的工作条件进行管子的合理选择，以达到满意的技术经济效果。怎样才能正确地选择管子？主要包括两个方面：一方面要根据实际情况确定所需晶闸管的额定值；另一方面根据额定值确定晶闸管的型号。

晶闸管的各项额定参数在晶闸管生产后，由厂家经过严格测试而确定，作为使用者来说，只需要能够正确地选择管子就可以了。表 2-1 列出了晶闸管的一些主要参数。

表 2-1　晶闸管的主要参数

| 型号 | 通态平均电流（A） | 通态峰值电压（V） | 断态正反向重复峰值电流（mA） | 断态正反向重复峰值电压（V） | 门极触发电流（mA） | 门极触发电压（V） | 断态电压临界上升率（V/μs） | 推荐用散热器 | 安装力（kN） | 冷却方式 |
|---|---|---|---|---|---|---|---|---|---|---|
| KP5 | 5 | ≤2.2 | ≤8 | 100～2000 | <60 | <3 | | SZ14 | | 自然冷却 |
| KP10 | 10 | ≤2.2 | ≤10 | 100～2000 | <100 | <3 | 250～800 | SZ15 | | 自然冷却 |
| KP20 | 20 | ≤2.2 | ≤10 | 100～2000 | <150 | <3 | | SZ16 | | 自然冷却 |
| KP30 | 30 | ≤2.4 | ≤20 | 100～2400 | <200 | <3 | 50～1000 | SZ16 | | 强迫风冷水冷 |
| KP50 | 50 | ≤2.4 | ≤20 | 100～2400 | <250 | <3 | | SL17 | | 强迫风冷水冷 |
| KP100 | 100 | ≤2.6 | ≤40 | 100～3000 | <250 | <3.5 | | SL17 | | 强迫风冷水冷 |
| KP200 | 200 | ≤2.6 | ≤40 | 100～3000 | <350 | <3.5 | | L18 | 11 | 强迫风冷水冷 |
| KP300 | 300 | ≤2.6 | ≤50 | 100～3000 | <350 | <3.5 | | L18B | 15 | 强迫风冷水冷 |
| KP500 | 500 | ≤2.6 | ≤60 | 100～3000 | <350 | <4 | 100～1000 | SF15 | 19 | 强迫风冷水冷 |
| KP800 | 800 | ≤2.6 | ≤80 | 100～3000 | <350 | <4 | | SF16 | 24 | 强迫风冷水冷 |
| KP1000 | 1000 | | | 100～3000 | | | | SS13 | | 强迫风冷水冷 |
| KP1500 | 1000 | ≤2.6 | ≤80 | 100～3000 | <350 | <4 | | SF16 | 30 | 强迫风冷水冷 |
| KP2000 | | | | | | | | SS13 | | 强迫风冷水冷 |
| | 1500 | ≤2.6 | ≤80 | 100～3000 | <350 | <4 | | SS14 | 43 | 强迫风冷水冷 |
| | 2000 | ≤2.6 | ≤80 | 100～3000 | <350 | <4 | | SS14 | 50 | 强迫风冷水冷 |

下面我们根据图 2-1（b）调光灯电路原理图中的参数，来确定本项目中晶闸管的型号。

第一步：单相半波可控整流调光电路晶闸管可能承受得的最大电压

$$U_{TM} = \sqrt{2}U_2 = \sqrt{2} \times 220 \approx 311V$$

第二步：考虑 2～3 倍的余量

$$(2 \sim 3)U_{TM} = (2 \sim 3) \times 331V = 622V \sim 933V$$

第三步：确定所需晶闸管的额定电压等级

因为电路无储能元器件，因此选择电压等级为 7 的晶闸管就可以满足正常工作需要了。

第四步：根据白炽灯的额定值计算出其阻值的大小

$$R_d = \frac{220^2}{40} = 1210\Omega$$

第五步：确定流过晶闸管电流的有效值

在单相半波可控整流调光电路中，当 $\alpha = 0°$ 时，流过晶闸管的电流最大，且电流的有效值是平均值的 1.57 倍。由前面的分析可以得到流过晶闸管的平均电流为：

$$I_d = 0.45\frac{U_2}{R_d} = 0.45 \times \frac{220}{1210} = 0.08A$$

由此可得，当 $\alpha = 0°$ 时流过晶闸管电流的最大有效值为：

$$I_{Tm} = 1.57I_d = 1.57 \times 0.08A = 0.128A$$

第六步：考虑 1.5～2 倍的余量

$$(1.5 \sim 2)I_{Tm} = (1.5 \sim 2) \times 0.128A \approx 0.193A \sim 0.256A$$

第七步：确定晶闸管的额定电流 $I_{T(AV)}$

$$I_{T(AV)} \geqslant 0.283A$$

因为电路无储能元器件，因此选择额定电流为 1A 的晶闸管就可以满足正常工作需要了。

由以上分析可以确定晶闸管应选用的型号为：KP1-7。

2. 触发电路元器件的选择

（1）充电电阻 $R_E$ 的选择（图 2-28 中 $R_2$ 和 $R_P$ 的和）

改变充电电阻 $R_E$ 的大小，就可以改变张弛振荡电路的频率，但是频率的调节有一定的范围，如果充电电阻 $R_E$ 选择不当，将使单结晶体管自激振荡电路无法形成振荡。

充电电阻 $R_E$ 的取值范围为：

$$\frac{U - U_V}{I_V} < R_E < \frac{U - U_P}{I_P}$$

其中：$U$——加于图 2-28 中 B-E 两端的触发电路电源电压

　　　$U_V$——单结晶体管的谷值电压

　　　$I_V$——单结晶体管的谷值电流

　　　$U_P$——单结晶体管的峰值电压

$I_P$——单结晶体管的峰值电流

（2）电阻 $R_3$ 的选择

电阻 $R_3$ 是用来补偿温度对峰值电压 $U_P$ 的影响，通常取值范围为 $200\sim600\Omega$。

（3）输出电阻 $R_4$ 的选择

输出电阻 $R_4$ 的大小将影响输出脉冲的宽度与幅值，通常取值范围为 $50\sim100\Omega$。

（4）电容 $C$ 的选择

电容 $C$ 的大小与脉冲宽窄和 $R_E$ 的大小有关，通常取值范围为 $0.1\sim1\mu F$。

3．调光电路的安装

（1）根据明细表 2-2 配齐元器件，并用万用表检测元器件。

表 2-2　调光灯元器件列表

| 序号 | 符号 | 名称 | 型号和规格 | 件数 |
|---|---|---|---|---|
| 1 | V1～V4 | 二极管 | 2CZ83C | 4 |
| 2 | V6 | 二极管 | 2CP12 | 1 |
| 3 | V8 | 稳压管 | 2CW58 | 1 |
| 4 | V7 | 单结晶体管 | BT33B | 1 |
| 5 | V5 | 晶闸管 | 100V 塑封立式 3CT1 | 1 |
| 6 | C | 电容器 | CGZX、63V、0.1uF | 1 |
| 7 | R1 | 电阻器 | RJ 150Ω 1W | 1 |
| 8 | R2 | 电阻器 | RJ 510Ω 1/2W | 1 |
| 9 | R3 | 电阻器 | RJ 150Ω 1/2W | 1 |
| 10 | R4 | 电阻器 | RJ 2kΩ 1/2W | 1 |
| 11 | RP | 可变电阻器 | 100kΩ 1/2W | 1 |
| 12 | EL | 指示灯 | 0.15A 12V | 1 |
| 13 | T | 电源变压器 | BK50 220/12V | 1 |

（2）在 $130\times105$ 的万能线路板上试放元器件，确定元器件的大约位置。

（3）根据元器件的造型工艺，将元器件造型，去氧化层、搪锡（已搪锡的不用），并插在万能线路板上，逐个元器件进行。

（4）检查元器件的安装位置是否正确，否则，将插错的元器件插对。

（5）按焊接工艺将所有元器件从左到右、从上到下的顺序焊好。

（6）按工艺尺寸将所有的元器件脚剪去。

（7）按电气原理图连线。

（8）检查安装、焊接、连线的质量，看是否有差错、虚焊、漏焊、错焊、错连的地方。

4．调光电路的调试

电路装接完毕，经检查无误后，可接通电源进行调试。改变 $R_P$ 阻值观察灯亮度变化是否正常，如不正常进行调试。

　　调试的原则：先调试控制回路（即触发电路），再调试主回路；先调试弱电部分，再调试强电部分。调试方法是采用示波器观察电路中各点波形，从而判断电路的工作是否正常。下面我们来学习触发电路的调试方法。触发电路如图 2-28 所示。

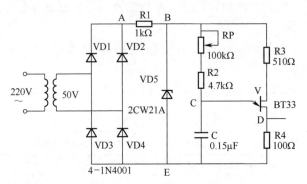

图 2-28　单结晶体管触发电路

　　单结晶体管触发电路的调试以及在今后的使用过程中的检修主要是通过几个点的典型波形来判断个元器件是否正常，我们将通过理论波形与实测波形的比较来进行分析。

　　（1）桥式整流后脉动电压的波形（图 2-28 中 A 点）

　　将 $Y_1$ 探头的测试端接于 A 点，接地端接于 E 点，调节旋钮"t/div"和"v/div"，使示波器稳定显示至少一个周期的完整波形，测得波形如图 2-29（a）所示。由电子技术的知识我们可以知道 A 点为由 VD1～VD4 四个二极管构成的桥式整流电路输出波形，图 2-29（b）为理论波形，可对照进行比较。

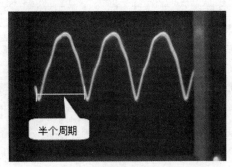
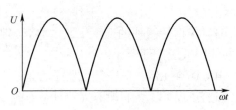

（a）实测波形　　　　　　　　　　（b）理论波形

图 2-29　桥式整流后电压波形

　　（2）削波后梯形波电压波形（图 2-28 图中 B 点）

　　将 $Y_1$ 探头的测试端接于 B 点，测得 B 点的波形如图 2-30（a）所示，该点波形是经稳压管削波后得到的梯形波，图 2-30（b）为理论波形，可对照进行比较。

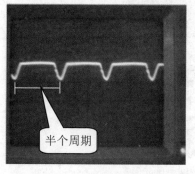
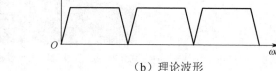

（a）实测波形　　　　　　　（b）理论波形

图 2-30　削波后电压波形

（3）电容电压的波形（图 2-28 中 C 点）

将 $Y_1$ 探头的测试端接于 C 点，测得 C 点的波形如图 2-31（a）所示。由于电容每半个周期在电源电压过零点从零开始充电，当电容两端的电压上升到单结晶体管峰点电压时，单结晶体管导通，触发电路送出脉冲，电容的容量和充电电阻 $R_E$ 的大小决定了电容两端的电压从零上升到单结晶体管峰点电压的时间，因此在本项目中的触发电路无法实现在电源电压过零点即 $\alpha = 0°$ 时送出触发脉冲。图 2-31（b）为理论波形，可对照进行比较。

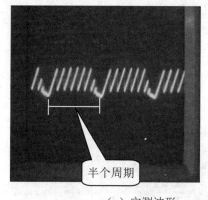
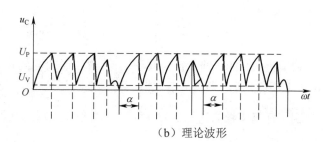

（a）实测波形　　　　　　　（b）理论波形

图 2-31　电容两端电压波形

调节电位器 RP 的旋钮，观察 C 点的波形的变化范围。图 2-32 所示为调节电位器后得到的波形。

（4）输出脉冲的波形（图 2-28 中 D 点）

将 $Y_1$ 探头的测试端接于 D 点，测得 D 点的波形如图 2-33（a）所示。单结晶体管导通后，电容通过单结晶体管的 $eb_1$ 迅速向输出电阻 R4 放电，在 R4 上得到很窄的尖脉冲。图 2-33（b）为理论波形，可对照进行比较。

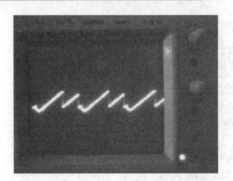

图 2-32　改变 RP 后电容两端电压波形

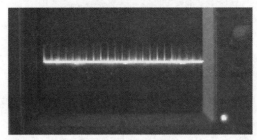

（a）实测波形

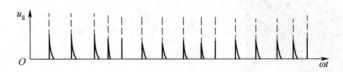

（b）理论波形

图 2-33　输出波形

　　调节电位器 RP 的旋钮，观察 D 点的波形的变化范围。图 2-34 所示为调节电位器后得到的波形。

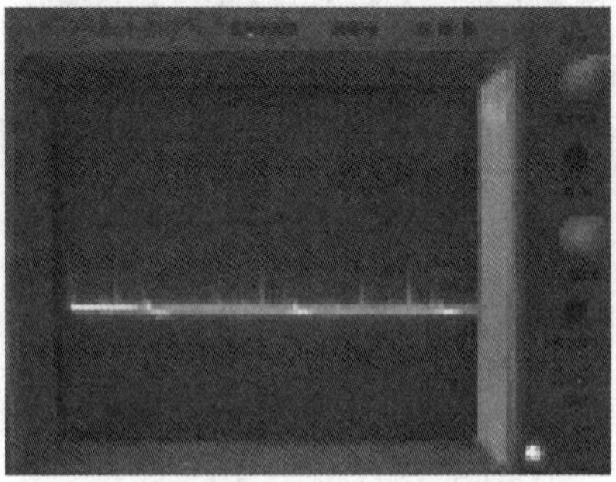

### 四、任务考核方法

（1）能否正确连接晶闸管主电路。
（2）能否准确读取晶闸管主电路的参数信息。
（3）是否会用示波器观测电路波形。
（4）能否会排除故障。

图 2-34　调节 RP 后输出波形

### 【项目总结】

本项目知识目标：

（1）掌握单相可控整流电路的组成、各部分作用，分类、结构及工作过程。

（2）了解单相可控整流电路的波形分析及参量计算。

（3）了解单相可控整流电路对触发电路的要求。

（4）掌握单结晶体管触发电路的工作原理。

本项目能力目标：

（1）能够根据实际要求选择合适的整流电路及触发电路。

（2）能正确使用示波器观察主电路和触发电路各主要点的波形。

（3）能根据实际测量的波形判断电路的工作状态，会估算实际输出的电压值。

（4）掌握调光灯电路的设计与调试。

项目分解：

任务：调光灯电路的制作与调试

电力电子装置经常使用的整流电路形式有不可控的器件电力二极管整流器，半控型器件晶闸管或全控型器件结构的可控整流器，又可分为单相整流和三相整流器，应用在不同的场合。在光伏发电系统中使用的整流器是即 AC-DC 变换器，主要是单相可控或不可控整流器，由电力二极管构成的不可控整流器和以前在电子技术中使用的整流电路及原理基本相同，因而在本项目中并没有另行展开学习。本项目通过典型电路的安装制作，使同学快速入门并重点掌握单相可控整流器的电路特点和应用方法，不断积累经验，从而提高光伏发电系统电能变换装置的整体调测能力。

## 【项目训练】

1．单相全波与单相全控桥从直流输出端或从交流输入端看均是基本一致的，两者有什么区别？

2．有一单相半波可控整流电路，带电阻性负载 $R_d=10\Omega$，交流电源直接从 220V 电网获得，试求：

（1）输出电压平均值 $U_d$ 的调节范围。

（2）计算晶闸管的电压与电流并选择晶闸管。

3．单相半波整流电路，如门极不加触发脉冲、晶闸管内部短路、晶闸管内部断开，试分析上述 3 种情况下晶闸管两端电压和负载两端电压波形。

4．画出单相半波可控整流电路，当 $\alpha=60°$ 时，以下三种情况的 $u_d$、$i_T$ 及 $u_T$ 的波形。

（1）电阻性负载。

（2）大电感负载不接续流二极管。

（3）大电感负载接续流二极管。

5．单相桥式全控整流电路中，若有一只晶闸管因过电流而烧成短路，结果会怎样？若这只晶闸管烧成断路，结果又会怎样？

6．在单相桥式全控整流电路带大电感负载的情况下，突然输出电压平均值变得很小，且电路中各整流器件和熔断器都完好，试分析故障发生在何处？

7. 单相桥式全控整流电路，大电感负载，交流侧电压有效值为 220V，负载电阻 $R_d$ 为 $4\Omega$，计算当 $\alpha = 60°$ 时，直流输出电压平均值 $U_d$、输出电流的平均值 $I_d$；若在负载两端并接续流二极管，其 $U_d$、$I_d$ 又是多少？此时流过晶闸管和续流二极管的电流平均值和有效值又是多少？画出上述两种情形下的电压电流波形。

8. 单相桥式全控整流电路带大电感负载时，它与单相桥式半控整流电路中的续流二极管的作用是否相同？为什么？

## 【拓展训练】

### 一、单相半波可控整流电路电阻负载仿真测试

图 2-35 为仿真电路中主要元件及其名称，其中电压与电流测量环节取自电气系统仿真库 SimPowerSystem 中的 "Measurements" 子库，电压测量环节输入侧连接至被测电路两端，输出端产生所测电路两点间的电压波形。电流测量环节串联接入电路中，输出端产生所测电路电流波形。总线合成环节（Bus Creator）取自 Simulink 库中的 "Commonly Used Blocks" 子库，该环节将多路输入信号合成为信号总线，输出至示波器，以便在一幅波形图中同时显示多个波形曲线。

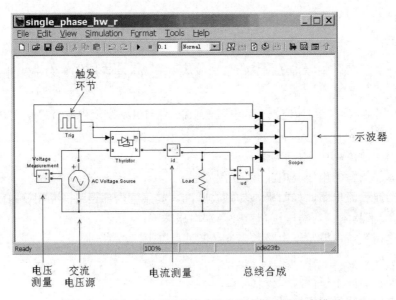

图 2-35　单相半波可控整流电路电阻负载电路仿真模型

示波器环节（Scope）取自 Simulink 库中的 "Commonly Used Blocks" 子库，双击该环节将显示仿真界面右侧的波形显示窗口，单击窗口工具栏中的参数按钮将显示参数设置菜单如图 2-36 所示设置，通过设置 "Number of axes"，可以设置示波器窗口内的波形图数，"Time range"

用于设置时间轴的时间范围，应根据电路的仿真时间进行选择。"Tick labels"用于选择时间轴的显示方式。"Sampling"菜单有两个选项："Decimation"和"Sample time"用于设置显示间隔，"Decimation"设置为 $n$ 时表示每计算 $n$ 点显示一次，"Sample time"则直接设置显示的间隔时间，单位为秒。

触发环节取自 Simulink 库中的"Sources"下的"Pulse Generator"环节，可用于产生电力电子器件驱动信号，双击该环节将显示参数设置菜单如图 2-37 所示设置，脉冲形式（Pulse type）选择"Time based"，时间（Time）选择"Use simulation time"，脉冲幅度（Amplitude）用于设置触发脉冲的幅度，仿真中由于晶闸管采用宏模型，因此脉冲幅度可以不受实际驱动信号幅度限制，这里设置为10V。脉冲周期（Period）取为电源周期0.02s，脉冲宽度（Pulse Width）设置为窄脉冲，为电源周期的5%（即18°电角度）。相位延迟（Phase Delay）参数为由零时刻起至发出脉冲的间隔时间，在本电路中电源电压初始角度为 0°，因此该参数所对应的电角度即为触发延迟角 $\alpha$。该参数初始设置为 2.5ms 时，对应的仪角为 45°，读者可以改变该参数观察不同触发延迟角条件下的电路工作波形。

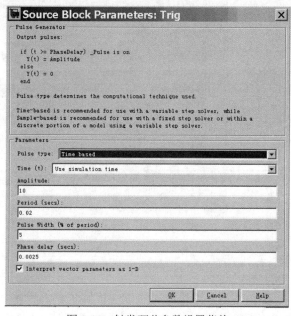

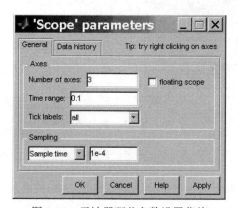

图 2-36　示波器环节参数设置菜单　　　　图 2-37　触发环节参数设置菜单

电路中其他元件参数如下：交流电源电压峰值为 100V，频率为 50Hz，初始相角为 0°。负载电阻为 2Ω。

在电路各环节参数设置或修改完毕后，单击仿真窗口中的"开始运行"按钮开始仿真。当触发环节中的延迟时间设置为 2.5ms（即 $\alpha=45°$）时的仿真波形如图 2-38 所示。按照黄色、紫色、蓝色曲线颜色顺序三幅波形图中的波形依次为：电源电压/触发脉冲、晶闸管电流/晶闸管电压、直流侧电流/直流侧电压。读者可以改变触发延迟角等参数观察电路波形发生的变化，如果出现波形超过显示范围无法显示时，可以单击示波器窗口工具栏中自动设置按钮的"望远镜"对坐标轴进行重新设置即可。

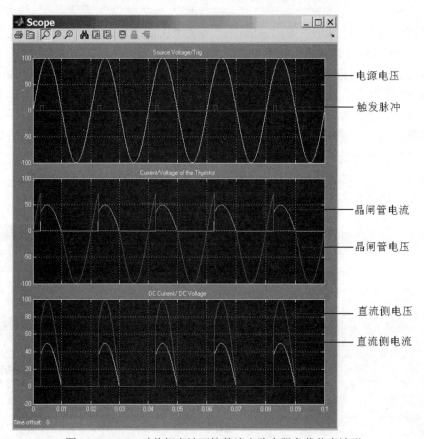

图 2-38　α=45°时单相半波可控整流电路电阻负载仿真波形

## 二、单相半波可控整流电路电阻电感负载

单相半波可控整流电路电阻电感负载的电路仿真模型如图 2-39 所示，该电路与电阻性负载的唯一差别是负载不同。将负载参数设为 $R=1\Omega$，$L=0.02H$，其他参数不变。当触发环节中的延迟时间设置为 2.5ms（即 α=45°）时的仿真波形如图 2-40 所示。按照黄色、紫色曲线颜色顺序三幅波形图中的波形依次为：电源电压/触发脉冲，晶闸管电流/晶闸管电压，直流侧电流/直流侧电压。读者可以改变触发延迟角为 90°（对应触发环节延迟时间为 5ms）、120°（对应触发环节延迟时间为 6.67ms）、负载电感 $L=0.01H$、$L=0.005H$ 等参数观察电路波形发生的变化。

项目二

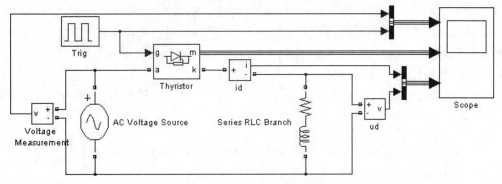

图 2-39　单相半波可控整流电路电阻电感负载电路仿真模型

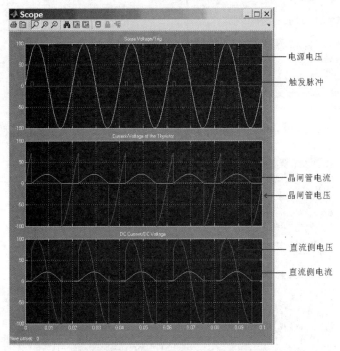

图 2-40　α=45°时单相半波可控整流电路电阻电感负载电路仿真波形

### 三、单相半波可控整流电路电阻电感负载带续流二极管电路

　　单相半波可控整流电路电阻电感负载带续流二极管的电路仿真模型如图 2-41 所示，该电路在单相半波可控整流电路电阻电感负载电路基础上增加了续流二极管。将负载参数设为 $R=1\Omega$，$L=0.1H$，其他参数不变。当触发环节中的延迟时间设置为 2.5ms（即 $\alpha=45°$）时的仿真波形如图 2-42 所示。按照黄色、紫色、蓝色曲线颜色顺序三幅波形图中的波形依次为：电源电压/触发脉冲、晶闸管电流/晶闸管电压、直流侧电流/直流侧电压。读者可以改变触发延迟角

为 90°（对应触发环节延迟时间为 5ms）、120°（对应触发环节延迟时间为 6.67ms），负载电感 $L$=0.2H、$L$=0.05H 等参数观察电路波形发生的变化。需要注意的是，该电路中由于存在电感这个储能环节，电感电流初始值设为 0，因此该电路存在过渡过程。为了显示电路的稳态工作波形，仿真中将仿真时间设为 0.3s，最终显示波形为 0.2～0.3s 的电路波形，此时电路已接近稳态。但仔细观察直流电流波形，仍可以发现微小变化，特别是在大负载电感时较为明显，如需仔细观察稳态波形，可以将仿真时间进一步延长。

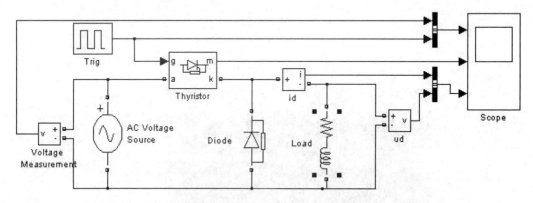

图 2-41    单相半波可控整流电阻电感负载带续流二极管电路仿真模型

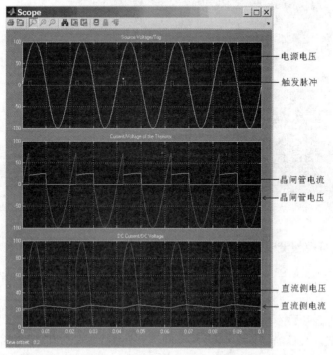

图 2-42    $\alpha$=45°时单相半波可控整流电阻电感负载带续流二极管电路仿真波形

#### 四、单相桥式全控整流电路电阻负载

单相桥式全控整流电路电阻负载的电路仿真模型如图 2-43 所示，该电路采用四只晶闸管构成桥式全控整流电路，采用 Trig14、Trig23 两个触发脉冲环节分别产生 1、4 管及 2、3 管的驱动信号，由于两对晶闸管分别于正、负半周导通，触发延迟角相差 180°，因此两个触发环节的延迟时间相差 180°（电网频率为 50Hz 时，对应时间为 10ms）。电路中交流电源电压峰值为 100V，频率为 50Hz，初始相角为 0°，负载电阻为 2Ω。当触发环节中的延迟时间分别设置为 2.5ms、12.5ms（即 $\alpha=45°$）时的仿真波形如图 2-44 所示。

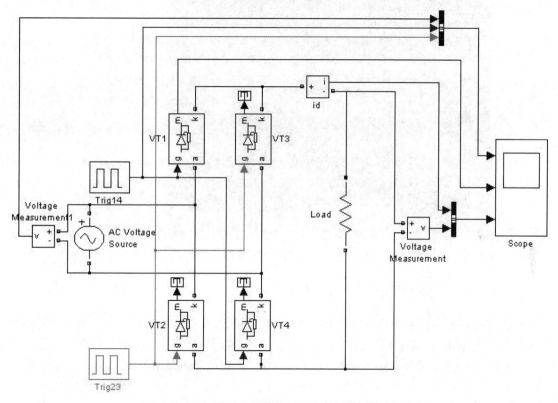

图 2-43　单相桥式全控整流电路电阻负载电路仿真模型

按照黄色、紫色、蓝色曲线颜色顺序，三幅波形图中的波形依次为：电源电压/1、4 管触发脉冲/2、3 管触发脉冲，1 管晶闸管电流/晶闸管电压，直流侧电流/直流侧电压。读者可以改变触发延迟角为 90°（对应触发环节延迟时间分别为 5ms、15ms）、120°（对应触发环节延迟时间分别为 6.67ms、16.67ms）等参数观察电路波形发生的变化。

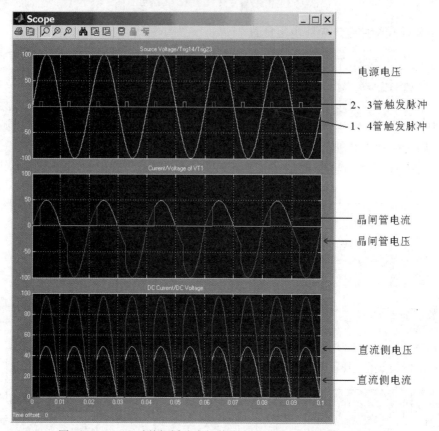

电源电压

2、3管触发脉冲

1、4管触发脉冲

晶闸管电流

晶闸管电压

直流侧电压

直流侧电流

图 2-44　α=45°时单相桥式全控整流电路电阻负载电路仿真波形

### 五、单相桥式全控整流电路电阻电感负载

单相桥式全控整流电路电阻电感负载的电路仿真模型如图 2-45 所示，电源电压峰值为 100V，频率为 50Hz，初始相角为 0°，负载电阻为 1Ω，负载电感为 0.1H。当两个触发环节中的延迟时间分别设置为 2.5ms、12.5ms（即 α=45°）时的仿真波形如图 2-46 所示。按照黄色、紫色、蓝色曲线颜色顺序，三幅波形图中的波形依次为：电源电压/1、4 管触发脉冲/2、3 管触发脉冲，1 管晶闸管电流/晶闸管电压，直流侧电流/直流侧电压。读者可以改变触发延迟角为 90°（对应触发环节延迟时间分别为 5ms、15ms）、120°（对应触发环节延迟时间分别为 6.67ms、16.67ms）等参数观察电路波形发生的变化。与半波整流电路电阻电感负载带续流二极管电路类似的是，电路存在过渡过程。为显示电路的稳态工作波形，仿真中也将仿真时间设为 0.3s，最终显示波形为 0.2～0.3s 的电路波形，此时电路已接近稳态。但仔细观察直流电流波形，仍可以发现微小变化，特别是在大负载电感时较为明显。

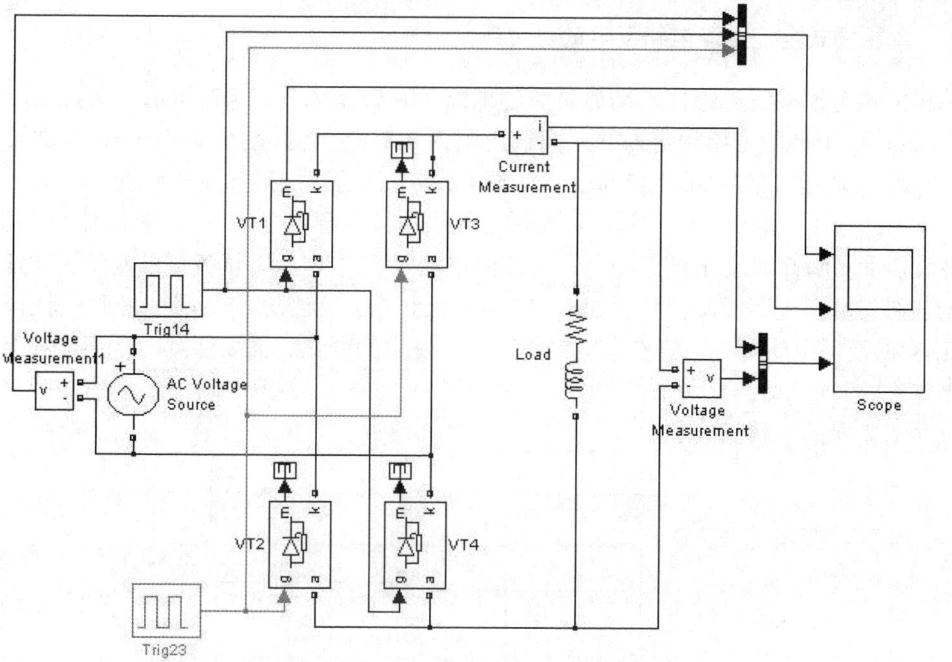

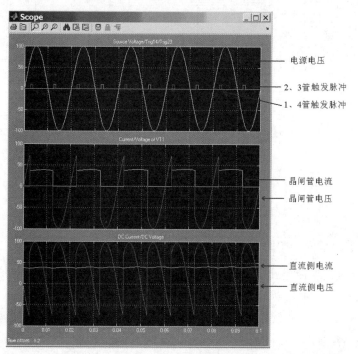

图 2-45    单相桥式全控整流电路电阻电感负载电路仿真模型

图 2-46    $\alpha=45°$时单相桥式全控整流电路电阻电感负载电路仿真波形

## 六、单相桥式全控整流电路反电动势负载

单相桥式全控整流电路反电动势负载的电路仿真模型如图 2-47 所示，电源电压峰值为 100V，频率为 50Hz，初始相角为 0°，负载电阻为 1Ω，反电动势为 50V。当两个触发环节中的延迟时间分别设置为 2.5ms、12.5ms（即 α=45°）时的仿真波形如图 2-48 所示。按照黄色、紫色、蓝色曲线颜色顺序三幅波形图中的波形依次为：电源电压/1、4 管触发脉冲/2、3 管触发脉冲，1 管晶闸管电流/晶闸管电压，直流侧电流/直流侧电压。读者可以改变触发延迟角为 90°（对应触发环节延迟时间分别为 5ms、15ms）、120°（对应触发环节延迟时间分别为 6.67ms、16.67ms）以及反电动势电压等参数观察电路波形发生的变化。需要注意的是，若发出触发脉冲时刻交流电源电压低于反电动势电压，则晶闸管不能导通。这种情况下需要增加触发脉冲环节的脉冲宽度保证电路正常工作。

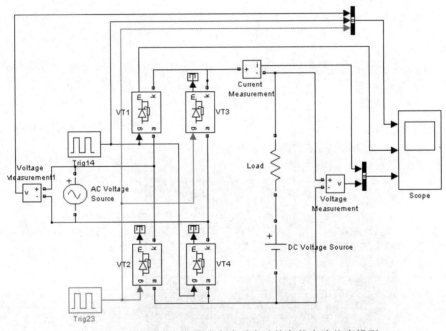

图 2-47　单相桥式全控整流电路反电动势负载电路仿真模型

## 七、单相全波可控整流电路

单相全波可控整流电路的电路仿真模型如图 2-49 所示，电源电压峰值为 100V，频率为 50Hz，初始相角为 0°，变压器电压比为 1:1:1，负载电阻为 2Ω。当两个触发环节中的延迟时间分别设置为 2.5ms、12.5ms（即 α=45°）时的仿真波形如图 2-50 所示。按照黄色、紫色、蓝色曲线颜色顺序三幅波形图中的波形依次为：电源电压/电源电流，1 管晶闸管电流/晶闸管电压，直流侧电流/直流侧电压。读者可以改变触发延迟角为 90°（对应触发环节延迟时间分别为

5ms、15ms）、120°（对应触发环节延迟时间分别为6.67ms、16.67ms）等参数观察电路波形发生的变化。

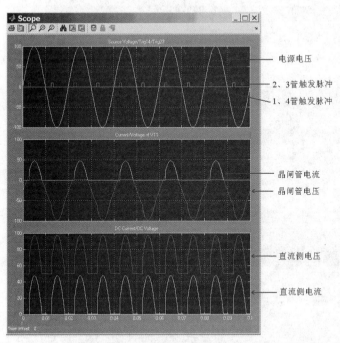

图2-48　α=45°时单相桥式全控整流电路反电动势负载电路仿真波形

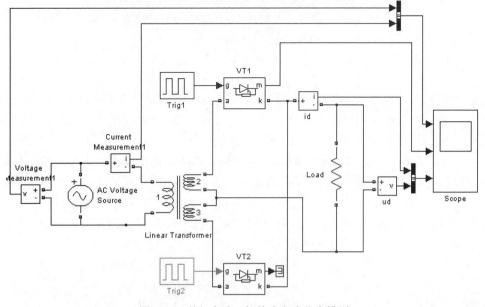

图2-49　单相全波可控整流电路仿真模型

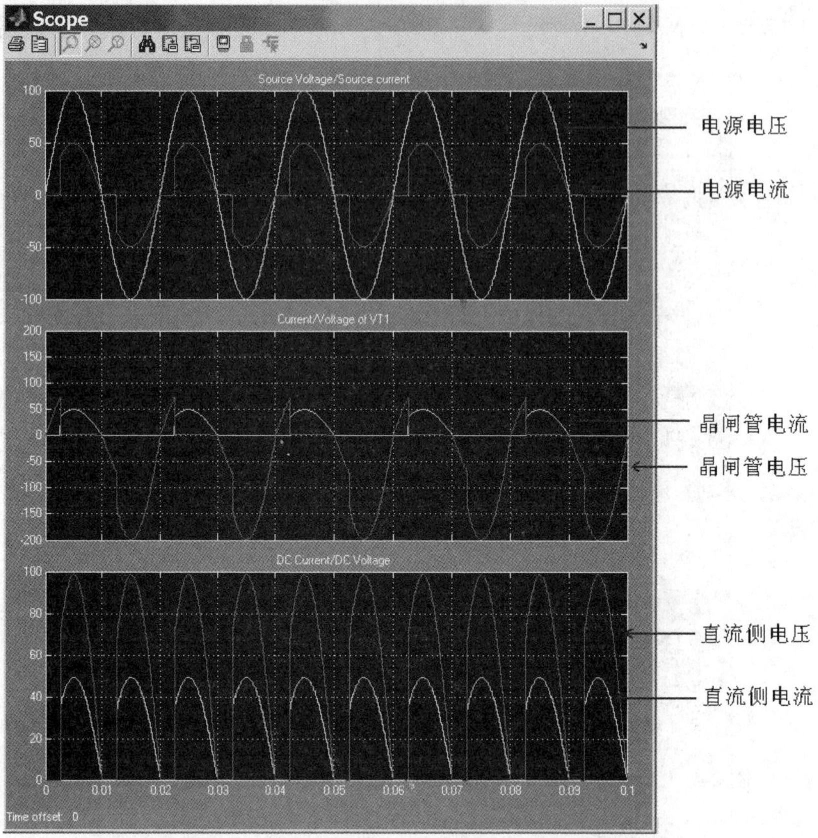

图 2-50  $\alpha$=45°时单相全波可控整流电路仿真波形

### 八、单相桥式半控整流电路

直流侧带续流二极管的单相桥式半控整流电路仿真模型如图 2-51 所示，电源电压峰值为 100V，频率为 50Hz，初始相角为 0°，负载为阻感负载，电阻为 1Ω，电感为 0.1H。当两个触发环节中的延迟时间分别设置为 2.5ms、12.5ms（即 $\alpha$=45°）时的仿真波形如图 2-52 所示。按照黄色、紫色、蓝色曲线颜色顺序三幅波形图中的波形依次为：电源电压/1 管触发脉冲/3 管触发脉冲，1 管晶闸管电流/晶闸管电压，直流侧电流/直流侧电压。读者可以改变触发延迟角为 90°（对应触发环节延迟时间分别为 5ms、15ms）、120°（对应触发环节延迟时间分别为 6.67ms、16.67ms）等参数观察电路波形发生的变化。电路仿真中也将仿真时间设为 0.3s，最终显示波形为 0.2～0.3s 的电路波形，此时电路已接近稳态。

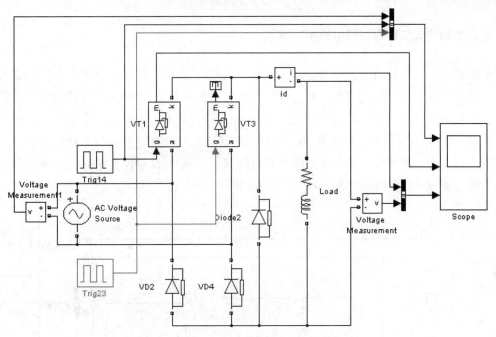

图 2-51　单相桥式半控整流电路仿真模型

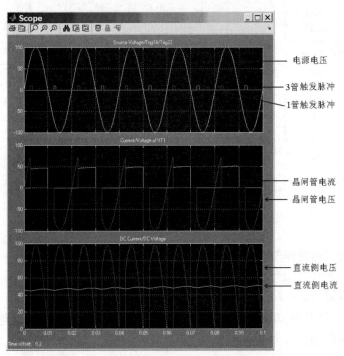

图 2-52　$\alpha=45°$ 时单相桥式半控整流电路仿真波形

## 九、单相桥式二极管整流电路电容滤波

单相桥式二极管整流电路电容滤波电路仿真模型如图 2-53 所示。电路中元件参数为电源相电压峰值 100V，频率为 50Hz，初始相角为 0°，滤波电容为 1000μF，负载电阻为 10Ω。电路的仿真波形如图 2-54 所示。按照黄色、紫色曲线颜色顺序两幅波形图中的波形依次为：交流电源电压/电源电流、直流侧电流/直流侧电压。读者可以改变负载电阻的数值，观察直流电压及交流电流波形的变化。电路仿真中将仿真时间设为 0.15s，最终显示波形为 0.1～0.15s 的电路波形，此时电路已接近稳态。

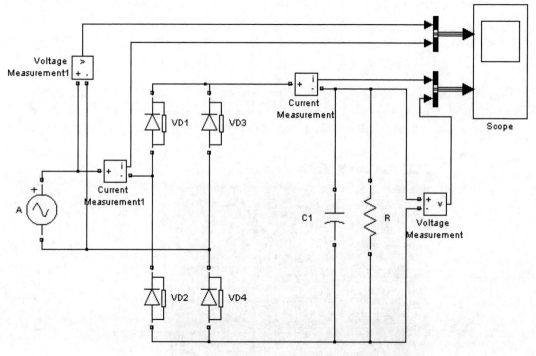

图 2-53  单相桥式二极管整流电路电容滤波电路仿真模型

## 十、单相桥式二极管整流电路 LC 滤波

单相桥式二极管整流电路 LC 滤波电路仿真模型如图 2-55 所示。电路中元件参数为电源相电压峰值 100V，频率为 50Hz，初始相角为 0°，滤波电感为 1mH，滤波电容为 2000μF，负载电阻为 10Ω。电路的仿真波形如图 2-56 所示。按照黄色、紫色曲线颜色顺序两幅波形图中的波形依次为：交流电源电压/电源电流、直流侧电流/直流侧电压。读者可以改变负载电阻的

数值，观察直流电压及交流电流波形的变化。电路仿真中将仿真时间设为 0.15s，最终显示波形为 0.1～0.15s 的电路波形，此时电路已接近稳态。

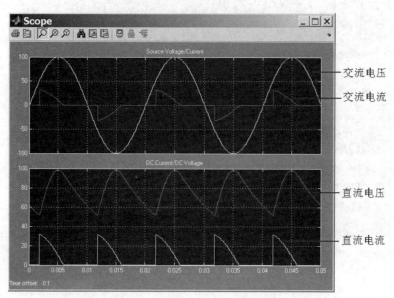

图 2-54　单相桥式二极管整流电路电容滤波电路仿真波形

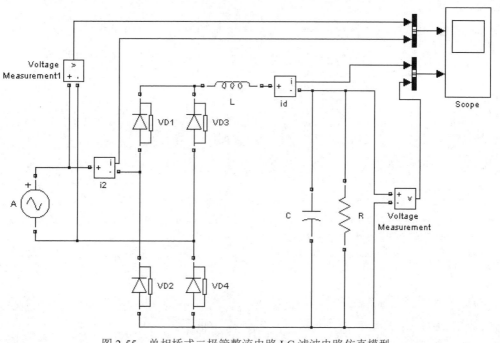

图 2-55　单相桥式二极管整流电路 LC 滤波电路仿真模型

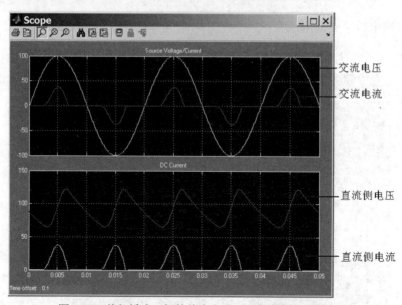

交流电压

交流电流

直流侧电压

直流侧电流

图 2-56  单相桥式二极管整流电路 LC 滤波电路仿真波形

# 3

# 直流变换器的安装与调试

## 【项目导读】

光伏发电系统中的直流变换对应电力电子技术中的直流斩波，直流斩波器是随着电力电子技术的进步而发展起来的一门新技术，通过直流斩波器可以实现直流电压或电流的调整，即DC-DC 变换。本项目将先通过应用实例，掌握变换器的电路特点及应用，从中发现直流斩波器技术的优势，提高同学们的专业学习兴趣。然后利用实训配置的风光互补发电系统平台，结合大赛资源和课程群内各联合课程，进一步了解直流斩波器在光伏发电系统电能变换环节的电路特点，通过应用实例，掌握变换器的应用，为今后进入相关岗位奠定基础。最后通过对实用控制器的安装调试，进一步掌握变换器的电路特点及应用，提高同学们对直流变换器的分析应用能力。

项目分解：

任务一　制作小型 DC-DC 电源升压器

任务二　认识光伏发电系统直流变换器

任务三　调试光伏电源充放电控制器

## 任务一　制作小型 DC–DC 电源升压器

## 【任务描述】

任务情境：组装制作一个小型 DC-DC 电源升压器

对照参考图纸制作完成一个小型电源升压器，进而掌握直流斩波器的应用，原理图如图 3-1 所示，成品板如图 3-2 所示。

活动提示：直流斩波器是随着电力电子技术的进步而发展起来的一门新技术，通过直流斩波器可以实现直流电压的调整，即 DC-DC。请同学们通过应用实例，掌握变换器的电路特点及应用，从中发现直流斩波器技术的优势，提高同学们的专业学习兴趣。

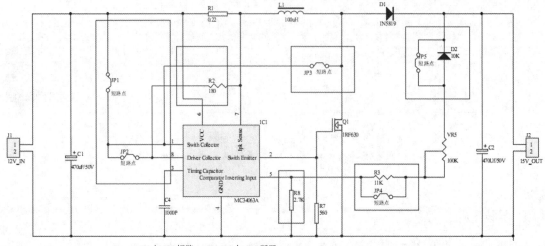

图 3-1　小型 DC-DC 电源升压器参考原理图

图 3-2　装接完成的成品板

## 【相关知识】DC-DC 直流变换器（斩波器）

将一种幅值的直流电压变换成另一幅值固定或大小可调的直流电压的过程称为直流-直流电压变换。它的基本原理是通过对电力电子器件的通断控制，将直流电压断续地加到负载上，通过改变占空比 $D$ 来改变输出电压的平均值。它是一种开关型 DC-DC 变换电路，俗称斩波器（Chopper）。直流变换技术被广泛应用于可控直流开关稳压电源、焊接电源和直流电机的调速控制。

在直流斩波器中，因输入电源为直流电，电流无自然过零点，半控元件的关断只能通过强迫换流措施来实现。强迫换流电路需要较大的换流电容等，造成了线路的复杂化和成本的提高。因此，直流斩波器多以全控型电力电子器件中具有自关断能力的器件作为开关器件。

### 一、直流斩波器的基本工作原理

#### 1. 直流斩波器的基本结构和工作原理

图 3-3 是直流斩波器的原理图。图中开关 S 可以是各种全控型电力电子开关器件，输入电源电压 E 为固定的直流电压。当开关 S 闭合时，直流电流经过 S 给负载 R、L 供电；开关 S 断开时，直流电源供给负载 R、L 的电流被切断，L 的储能经二极管 VD 续流，负载 R、L 两端的电压接近于零。

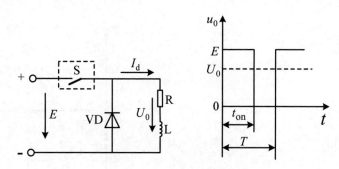

图 3-3　直流斩波器的原理图

#### 2. 直流斩波器的分类

（1）直流斩波器按照调制形式可分为

- 脉冲宽度调制（PWM）；
- 脉冲频率调制（PFM）；
- 混合调制。

（2）按变换电路的功能可分为

- 降压式直流-直流变换（Buck Converter）；
- 升压式直流-直流变换（Boost Converter）；
- 升压-降压复合型直流-直流变换（Boost-Buck Converter）；
- 库克直流-直流变换（Cuk Converter）。

（3）按输入直流电源和负载交换能量的形式可分为

- 单象限直流斩波器；
- 二象限直流斩波器。

### 二、直流斩波电路

#### 1. 降压式直流斩波电路

（1）电路的结构

电路中的 VT 采用 IGBT；VD 起续流作用，在 VT 关断时为电感 L 储能提供续流通路；L

为能量传递电感，C 为滤波电容，R 为负载；E 为输入直流电压，$U_0$ 为输出直流电压。

（2）工作原理

1）在控制开关 VT 导通 $t_{on}$ 期间，二极管 VD 反偏，则电源 E 通过 L 向负载供电，此间 $i_L$ 增加，电感 L 的储能也增加，这导致在电感端有一个正向电压 $u_L=E-u_0$。这个电压引起电感电流 $i_L$ 线性增加，如图 3-4（a）所示。

2）在开关管 VT 关断时，电感中储存的电能产生感应电势，使二极管导通，故电流 $i_L$ 经二极管 VD 续流，$U_L=-u_0$，电感 L 向负载供电，电感 L 的储能逐步消耗在 R 上，电流 $i_L$ 下降。如图 3-4（b）所示。

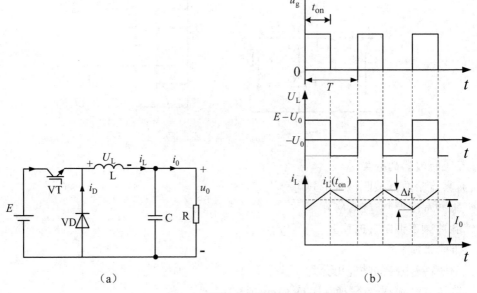

（a）             （b）

图 3-4　降压式直流斩波电路

（3）基本数量关系

在稳态情况下，电感电压波形是周期性变化的，电感电压在一个周期内的积分为 0，即

$$\int_0^T u_L \mathrm{d}t = \int_0^{ton} u_L \mathrm{d}t + \int_{ton}^T u_L \mathrm{d}t = 0$$

设输出电压的平均值为 $U_0$，则在稳态时，上式可以表达为：

$$(E - U_0)t_{on} = U_0(T - t_{on})$$

即

$$U_0 = \frac{t_{on}}{T} E = DE \tag{3-1}$$

式中 D 为导通占空比；$t_{on}$ 为 VT 的导通时间；T 为开关周期。

通常 $t_{on} \leqslant T$，所以该电路是一种降压直流变换电路。当输入电压 E 不变时，输出电压 $U_0$ 随占空比 D 的线性变化而线性改变，而与电路其他参数无关。

2．升压式直流斩波电路

（1）电路的结构

升压式斩波开关 VT 与负载并联连接，储能电感与负载呈串联连接，如图 3-5 所示。

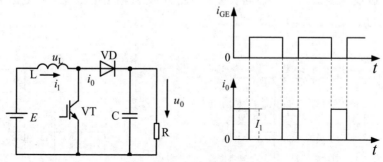

图 3-5　升压式直流斩波电路

（2）工作原理

1）当 VT 导通时，电源 E 向串在回路中的电感 L 充电，电感电压左正右负；而负载电压上正下负，此时在 R 与 L 之间的二极管 VD 被反偏截止。由于电感 L 的恒流作用，此充电电流为恒值 $I_1$。另外，VD 截止时 C 向负载 R 放电，由于 C 已经被充电且容量很大，所以负载电压保持为一恒值，记为 $U_0$。设 VT 的导通时间为 $t_{on}$，则此阶段电感 L 上的储能可以表示为 $EI_1t_{on}$。

2）在 VT 关断时，储能电感 L 两端电势极性变成左负右正，VD 转为正偏，电感 L 与电源 E 叠加共同向电容 C 充电，向负载 R 供能。如果 VT 的关断时间为 $t_{off}$，则此时间内电感 L 释放的能量可以表示为

$$(U_0 - E)I_1t_{off} \tag{3-2}$$

（3）基本数量关系

当电路处于稳态时，一个周期内电感 L 储存的能量与释放的能量相等，即

$$EI_1t_{on} = (U_0 - E)I_1t_{off} \tag{3-3}$$

由上式可求出负载电压 $U_0$ 的表达式，即

$$U_0 = \frac{t_{on} + t_{off}}{t_{off}}E = \frac{T}{t_{off}}E \tag{3-4}$$

由斩波电路的工作原理可看出，周期 $T \geqslant t_{off}$，或 $T/t_{off} \geqslant 1$，故负载上的输出电压 $U_0$ 高于电路输入电压 $E$，该变换电路称为升压式斩波电路。

3．升降压式直流斩波电路

（1）电路的结构

该电路的结构是储能电感 L 与负载 R 并联，续流二极管 VD 反向串接在储能电感与负载之间，如图 3-6 所示。

（2）工作原理

1）当开关 VT 导通时，电源 E 经 VT 给电感 L 充电储能，电感电压上正下负，此时 VD 被负载电压（下正上负）和电感电压反偏，流过 VT 的电流为 $i_1$（$=i_L$），方向如图 3-6（a）所示。由于此时 VD 反偏截止，电容 C 向负载 R 供能并维持输出电压基本恒定，负载 R 及电容 C 上的电压极性为上负下正，与电源极性相反。

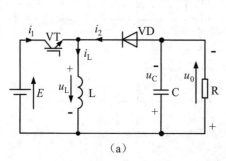 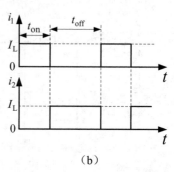

图 3-6　升降压式直流斩波电路

2）当开关 VT 关断时，电感 L 电压极性变反（上负下正），VD 正偏导通，电感 L 中的储能通过 VD 向负载 R 和电容 C 释放，放电电流为 $i_2$，电容 C 被充电储能，负载 R 也得到电感 L 提供的能量。

（3）基本数量关系

电路处于稳态时，每个周期内电感电压 $u_L$ 对时间的积分值为零，即

$$\int_0^T u_L \mathrm{d}t = 0$$

在开关 VT 导通期间，有 $u_L=E$；而在 VT 截止期间，$u_L=-u_0$。于是有

$$Et_{on} = U_0 t_{off}$$

输出电压表达式可写成

$$U_0 = \frac{t_{on}}{t_{off}}E = \frac{t_{on}}{T-t_{on}}E = \frac{D}{1-D}E \qquad (3-5)$$

改变 $D$ 输出电压既可高于输入电压，也可低于输入电压。

当 $0<D<1/2$ 时，斩波器输出电压低于输入电压，此时为降压变换；

当 $1/2<D<1$ 时，斩波器输出电压高于输入电压，此时为升压变换。

4. Cuk 直流斩波电路

（1）电路的特点

Cuk 斩波电路是升降压式斩波电路的改进电路，其原理图及等效电路如图 3-7 所示。优点是直流输入电流和负载输出电流连续，脉动成分较小。

（2）工作原理

1）当控制开关 VT 导通时，电源 E 经 $L_1$→VT 回路给 $L_1$ 充电储能，C 通过 C→$L_2$→R→

VT 回路向负载 R 输出电压，负载电压极性为下正上负。

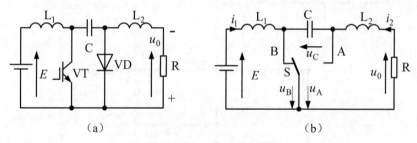

图 3-7　Cuk 直流斩波电路

2）当控制开关 VT 截止时，电源 E 通过 L$_1$→C→VD 回路向电容 C 充电，极性为左正右负；L$_2$ 通过 L$_2$→VD→R→L$_2$ 回路向负载 R 输出电压，电压的极性为下正上负，与电源电压相反。

（3）基本数量关系

稳态时，电容 C 在一个周期内的平均电流为零，即

$$\int_0^T i_C \mathrm{d}t = 0$$

设电源电流 $i_1$ 的平均值为 $I_1$，负载电流 $i_2$ 的平均值为 $I_2$，开关 S 接通 B 点时相当于 VT 导通，如果导通时间为 $t_{on}$，则电容电流和时间的乘积为 $I_2 t_{on}$；开关 S 接通 A 点时相当于 VT 关断，如果关断时间为 $t_{off}$，则电容电流和时间的乘积为 $I_1 t_{off}$。由电容 C 在一个周期内的平均电流为零的原理可写出表达式

$$I_2 t_{on} = I_1 t_{off}$$

从而可得

$$U_0 = \frac{I_1}{I_2} E = \frac{t_{on}}{t_{off}} E = \frac{t_{on}}{T - t_{on}} E = \frac{D}{1-D} E \qquad (3\text{-}6)$$

忽略 Cuk 斩波电路内部元件 L$_1$、L$_2$、C 和 VT 的损耗，根据上图等效电路，可得到：电源输出的电能 $EI_1$ 等于负载上得到的电能 $U_0 I_2$，即

$$EI_1 = U_0 I_2$$

由此可以得出输出电压 $U_0$ 与输入电压 E 的关系为

$$U_0 = \frac{I_1}{I_2} E = \frac{t_{on}}{t_{off}} E = \frac{t_{on}}{T - t_{on}} E = \frac{D}{1-D} E \qquad (3\text{-}7)$$

可见，Cuk 斩波电路与升降压式斩波电路的输出表达式完全相同。

5. 全桥式直流斩波电路

（1）电路的特点

全桥斩波电路有两个桥臂，每个桥臂由两个斩波控制开关 VT 及与它们反并联的二极管组成。优点是变换器可以在四象限运行，电路原理图如图 3-8 所示。

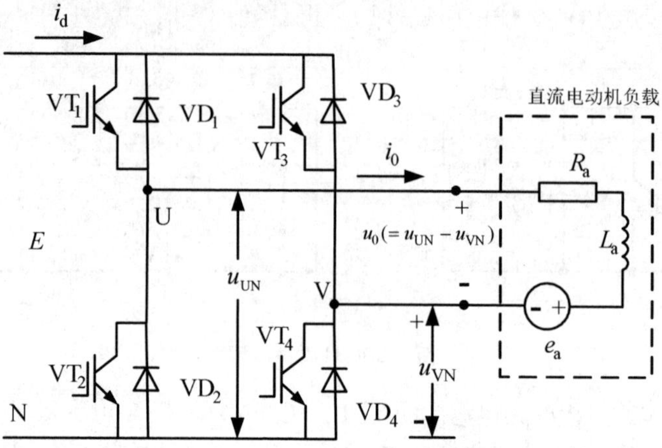

图 3-8　全桥式直流斩波电路

（2）工作原理

如果变换器同一桥臂的两个开关管 VT 在任一时刻都不同时处于断开状态，则输出电压 $u_0$ 完全由开关管的状态决定。以负直流母线 N 为参考点，U 点的电压 $u_{UN}$ 由如下的开关状态决定：当 $VT_1$ 导通时，正的负载电流 $i_0$ 将流过 $VT_1$；或当 $VD_1$ 导通时，负的负载电流 $i_0$ 将流过 $VD_1$，则 U 点的电压为：

$$u_{UN}=E$$

类似地，当 $VT_2$ 导通时，负的负载电流 $i_0$ 将流入 $VT_2$；或当 $VD_2$ 导通时，正的负载电流 $i_0$ 将流过 $VD_2$，则 U 点的电压为：$u_{UN}=0$

综上所述，$u_{UN}$ 仅取决于桥臂 U 是上半部分导通还是下半部分导通，而与负载电流 $i_0$ 的方向无关，因此 $U_{UN}$ 为：

$$U_{UN}\frac{Et_{on}+0\cdot t_{off}}{T}=ED_{VT1} \tag{3-8}$$

式中，$t_{on}$ 和 $t_{off}$ 分别是 $VT_1$ 的导通和断开时间，$D_{VT1}$ 是开关管 $VT_1$ 的占空比。由此可知，$U_{UN}$ 仅取决于输入电压 $E$ 和 $VT_1$ 的占空比 $D_{VT1}$。类似地，

$$U_{VN}=ED_{VT3} \tag{3-9}$$

因此，输出电压 $U_0(=U_{UN}-U_{VN})$ 也与变换器的输入电压 $E$、开关占空比 $D_{VT1}$ 和 $D_{VT3}$ 有关，而与负载电流 $i_0$ 的大小和方向无关。

如果变换器同一桥臂的两个开关管同时处于断开的状态，则输出电压 $u_0$ 由输出电流 $i_0$ 的方向决定。这将引起输出电压平均值和控制电压之间的非线性关系，所以应该避免两个开关管同时处于断开的情况发生。

（3）全桥式变换器 PWM 的控制方式

1）双极性 PWM 控制方式

在该控制方式下，图 3-8 中的 VT1、VT4 和 VT2、VT3 被当作两对开关管，每对开关管

都是同时导通或断开的。

2）单极性 PWM 控制方式

在该控制方式下，每个桥臂的开关管是单独控制的。

全桥式直流-直流变换器的输出电流即使在负载较小的时候，也没有电流断续现象。

### 三、变压器隔离的直流-直流变换器

若要求输入输出间实现电隔离，可在基本 DC-DC 变换电路中加入变压器，得到用变压器实现电隔离的直流变换器。变压器可插在基本变换电路中的不同位置，从而得到多种形式的变换器主电路。常见的有单端正激变换器，反激变换器，半桥及全桥式降压变换器等。

#### 1. 正激变换器

（1）电路结构

在降压变换器中，将变压器插在 VT 管的右侧，VD 管的左侧位置，即得如图 3-9 所示的正激变换器。由于变压器原边流过单向脉动电流，铁芯易饱和，须采取防饱和措施，即使变压器铁芯磁场周期性复位。另外，开关器件位置可稍作变动，使其发射极与电源相连接，便于设计控制电路。图 3-10 是采用能量消耗法磁场复位方案的正激变换器。$N_1$、$N_2$ 分别为原、副边绕组匝数。

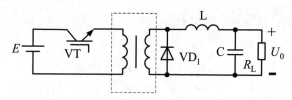

图 3-9　正激变换器原理图

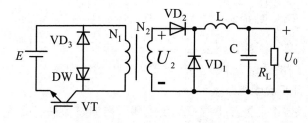

图 3-10　能量消耗法磁场复位的正激变换器原理

（2）工作原理

在图 3-10 中

1）开关管 VT 导通时，有 $U_2 = (N_2/N_1)E$，电源能量经变压器传递到负载侧。

2）VT 截止时，变压器原边电流经 $VD_3$ 和 DW 续流，磁场能量消耗在稳压管上。VT 承受的最高电压为 $E+U_{DW}$，$U_{DW}$ 为 DW 的稳压值。

正激变换器是具有隔离变压器的降压变换器，因而具有降压变换器的一些特性。

**2. 反激变换器**

**（1）电路结构**

反激变换器电路如图 3-11 所示。与升-降压变换器相比较，反激变换器用变压器代替了升-降压变换器中的储能电感。变压器除了起输入输出电隔离作用外，还起储能电感的作用。

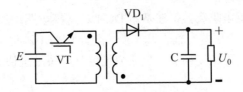

图 3-11　反激变换器电路原理图

**（2）工作原理**

1）当开关管 VT 导通时，由于 $VD_1$ 承受反向电压，变压器副边相当于开路，此时变压器原边相当于一个电感。电源 E 向变压器原边输送能量，并以磁场形式存储起来。

2）当开关管 VT 截止时，线圈中磁场储能不能突变，将在变压器副边产生上正下负的感应电势，该感应电势使 $VD_1$ 承受正向电压而导通，从而磁场储能转移到负载上。考虑滤波电感 L 及续流二极管 $VD_2$ 的实用反激变换器电路如图 3-12 所示。

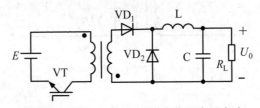

图 3-12　带 LC 滤波的反激变换器实用电路

反激变换器电路简单，无需磁场复位电路，在小功率场合中应用广泛。缺点是磁芯磁场直流成分大，为防止磁芯饱和，磁芯磁路气隙较大，磁芯体积较大。

**3. 半桥式隔离的降压变换器**

在正激、反激变换器中，变压器存在磁场饱和，需加磁场复位电路。另外，主开关器件承受的电压高于电源电压。半桥式和全桥式隔离的变换器则可以克服这些缺点。

**（1）电路结构**

电路如图 3-13 所示，$C_1$、$C_2$ 为滤波电容，$VD_1$、$VD_2$ 为 $VT_1$、$VT_2$ 的续流二极管，$VD_3$、$VD_4$ 为整流二极管，LC 为输出滤波电路。

**（2）工作原理**

设滤波电容 $C_1$、$C_2$ 上的电压近似直流，且均为 E/2。

1）当 $VT_1$ 关断、$VT_2$ 导通时，电源及电容 $C_2$ 上的储能经变压器传递到副边。同时，电源经变压器→$VT_2$ 向 $C_1$ 充电，$C_1$ 储能增加。

2）当 $VT_1$ 导通、$VT_2$ 关断时，电源及电容 $C_1$ 上的储能经变压器传递到副边，此时，电源经 $VT_1$→变压器→向 $C_2$ 充电，$C_2$ 储能增加。

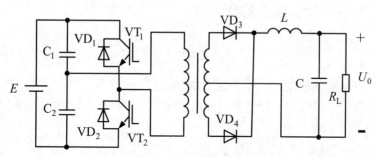

图 3-13　半桥式降压变换器

变压器副边电压经 $VD_3$ 及 $VD_4$ 整流、LC 滤波后即得到直流输出电压。通过交替控制 $VT_1$、$VT_2$ 的开通与关断，并控制其占空比，即可控制输出电压的大小。

**4. 全桥式隔离的降压变换器**

全桥式隔离的降压变换器电路如图 3-14 所示。

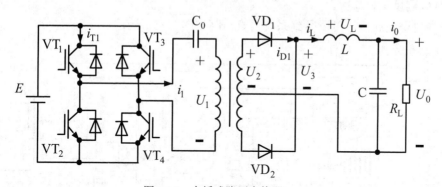

图 3-14　全桥式降压变换器

（1）电路的工作原理

将 $VT_1$、$VT_4$ 作为一组，$VT_2$、$VT_3$ 作为另一组，交替控制两组开关关断与导通，即可利用变压器将电源能量传递到副边。变压器副边电压经 $VD_1$ 及 $VD_2$ 整流，LC 滤波后即得直流输出电压。改变占空比即可控制输出电压大小。

（2）电容 $C_0$ 的作用

防止变压器流过直流电流分量而设置。由于正负半波控制脉冲宽度难以做到绝对相同，同时开关器件特性难以完全一致，从而电路工作时流过变压器原边的电流正负半波难以完全对称，因此，加上 $C_0$ 以防止铁芯磁场饱和。

**【知识拓展】直流-直流变换电路的 MATLAB 仿真**

典型的直流-直流变换器有：①降压式变换器；②升压式变换器；③升压-降压变换器；④ Cuk 变换器等。下面对其进行建模与仿真。

**一、降压式（Buck）变换器的建模与仿真**

1．Buck 变换器的建模

建模步骤如下：

（1）建立一个新的模型窗口，命名为 IGBTBuck。

（2）打开电力电子模块组，分别复制 IGBT 模块、二极管 D 模块到 IGBT Buck 模型窗口中。按要求设置 IGBT 参数。

（3）打开电源模块组，复制电压源模块 Vdc 到 IGBTBuck 模型窗口中，打开参数设置对话框，设置电压为 100V。

（4）打开元件模块组，复制一个并联 RC 元件模块到 IGBTBuck 模型窗口中作为负载，打开参数设置对话框，设置参数：C=3e-6F；再复制一个 L 元件模块到 IGBTBuck 模型窗口中，串接在 IGBT 模块和负载 RC 之间，参数设置为 148e-5H。

（5）打开测量模块组，添加两个电流测量装置以测量电源电流和电感电流，添加一个电压测量装置以测量负载电压。

（6）通过适当连接，可以得到系统仿真电路如图 3-15 所示。

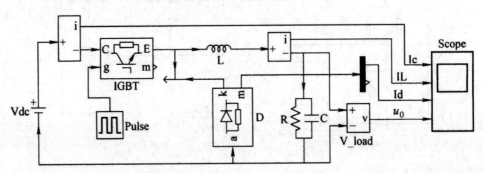

图 3-15　Buck DC-DC 变换器仿真电路

（7）从 Sources 模块组中复制一个脉冲发生器模块到仿真模型窗口中，命名为 Pulse，并将其输出连接到 IGBT 的门极上。

2．Buck 变换器的仿真

打开"仿真/参数"窗口，选择 odel5s 算法，将相对误差设置为 le-3，仿真开始时间为 0.0194s，停止时间设置为 20.8e-3s，仿真结果如图 3-16 所示。其中 $I_c$ 为 IGBT 电流（A）（即输入电流 i）、$I_L$ 为电感电流（A）、$I_d$ 为二极管电流（A）、$u_o$ 为输出负载电压（V）。

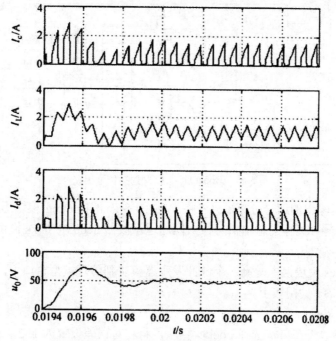

图 3-16　Buck DC-DC 变换器中输入电流、电感电流、二极管电流和输出负载电压波形

从负载电压波形图可见：原来直流输入电压为 100V，经过 Buck 变换器直流变换后，输出电压降低到约 50V，实现了降压变换。波形为有少许波纹的直流电压。

## 二、升压式（Boost）变换器的建模与仿真

### 1．Boost 变换器的建模
简要说明建模步骤。

（1）建立一个新的模型窗口，命名为 IGBTBoost。

（2）打开电力电子模块组，分别复制 IGBT 模块、二极管 D 模块到 IGBTBoost 模型窗口中。按要求设置 IGBT 参数。

（3）打开电源模块组，复制电压源模块 Vdc 到 IGBTBoost 模型窗口中，打开参数设置对话框，设置电压为 100V。

（4）打开元件模块组，复制一个并联 RC 元件模块到 IGBTBoost 模型窗口中作为负载，打开参数设置对话框，设置参数：R=50Ω，C=3e-6F；再复制一个 L 元件模块到 IGBTBoost 模型窗口中，串接在电压源模块和二极管 D 模块之间，参数设置为 5e-4H。

（5）打开测量模块组，添加一个电流测量装置以测量电源电流；添加一个电压测量装置以测量负载电压。

（6）通过连接后，可以得到系统仿真电路如图 3-17 所示。

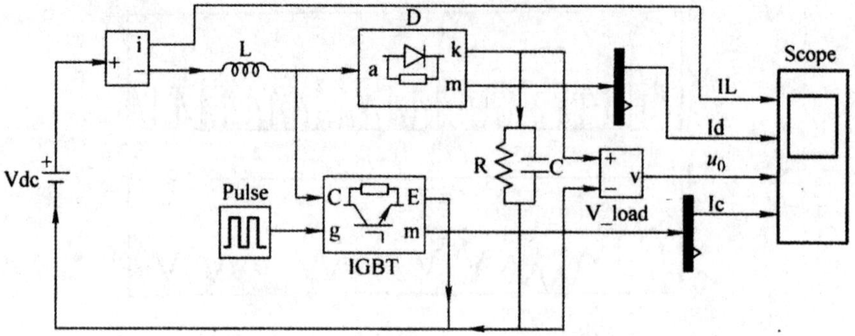

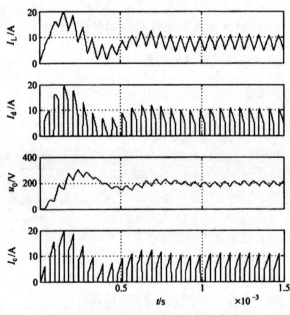

图 3-17　Boost DC-DC 变换器仿真电路

（7）将一个两输出的信号分离器（在图 A-5 的 Signal Routing 模块组中）连接到 IGBT 的 m 端上，再将信号分离器的输出信号接入四通道示波器 Scope（Sinks 模块组中），用于测量 IGBT 的输出电流。

（8）从 Sources 模块组中复制一个脉冲发生器模块到仿真模型窗口中，命名为 Pulse，并将其输出连接到 IGBT 的门极上。

2. Boost 变换器的仿真

打开"仿真/参数"窗口，选择 odel5s 算法，将相对误差设置为 le-3，设置仿真开始时间为 0，停止时间设置为 0.0015s，仿真结果如图 3-18 所示。

图 3-18　Boost DC-DC 变换器的仿真波形

从电压波形图可见：原来直流输入电压为 100V，经过 Boost 直流变换后，输出电压升高到约 200V。波形为有少许波纹的直流电压。其中 $I_L$ 为电感电流（A）（即输入电流 $i_1$）、$I_d$ 为二极管电流（A）、$U_0$ 为输出负载电压（V）、$I_c$ 为 IGBT 电流（A）。

### 三、降-升压式（Buck-Boost、Cuk）变换器的建模与仿真

降-升压式（Buck-Boost）变换器和 Cuk 变换器都是具有降-升压功能的直流-直流变换器。实际上，几种直流变换器的建模与仿真方法大同小异，所用的元件也差不多，主要是电路的结构有些不同。所以，关于降-升压式（Buck-Boost）变换器和库克变换器只给出仿真模型和仿真结果，对建模过程不再做过多的说明。

1. 降-升压式（Buck-Boost）变换器的建模与仿真

（1）降-升压式（Buck-Boost）变换器的建模 Buck-Boost 变换器的仿真模型如图 3-19 所示。

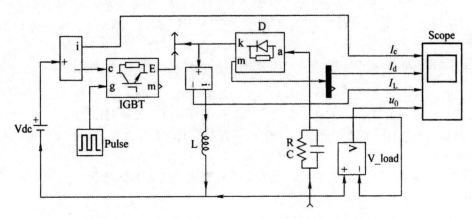

图 3-19　降-升压式（Buck-Boost）变换器的仿真模型

（2）降-升压式（Buck-Boost）变换器的仿真

Buck-Boost 变换器的仿真结果如图 3-20 所示。其中 $I_c$ 为 IGBT 电流（A）（即输入电流 $i_1$）、$I_d$ 为二极管电流（A）、$I_L$ 为电感电流（A）、$u_0$ 为输出负载电压（V）。

利用升-降压式变换器既可实现升压也可实现降压，图 3-20 的电压波形是升压工作状态的波形。波形为有少许波纹的直流电压。读者可通过调节占空比，获得降压工作状态，读者不妨动手试一下。

2. 库克变换器的建模和仿真结果

库克变换器综合了升压、降压、降-升压式变换器的优点，其特点是输入、输出电流连续且基本平直。输出直流电压理论上可在 0～∞间变化。下面进行仿真分析。

（1）库克变换器的仿真模型

和升压、降压、升-降压式变换器的建模相比较，只是增加了部分仿真元件，它的建模如下。

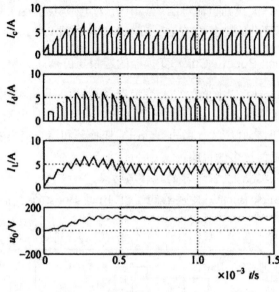

图 3-20　Buck-Boost 变换器中 IGBT 电流、电感电流、二极管和负载电压波形

1）打开图 A-11 所示的元件模块组，复制一个串联 RLC 支路，打开参数设置对话框，设置参数：R=0，C=inf，$L_1$=25e-4H，得到 $L_1$ 模块；同样设置 L=25e-4H。

2）再复制一个串联 RLC 支路，打开参数设置对话框，设置参数：R=0，C=1e-6F，$L_1$=0，得到 $C_1$ 模块。

按照电路结构进行连接，得到 Cuk 变换器的仿真模型如图 3-21 所示。

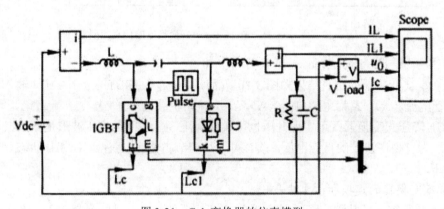

图 3-21　Cuk 变换器的仿真模型

（2）库克变换器的仿真结果

库克变换器的仿真结果如图 3-22 所示。其中 $I_L$ 为电感 L 的电流（A）（即输入电流 $i_1$）、$I_{L1}$ 为电感 $L_1$ 的电流（A）、$I_C$ 为 IGBT 电流（A）、$u_0$ 为输出负载电压（V）。

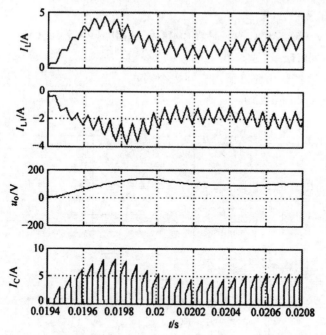

图 3-22　库克变换器中 IGBT 电流、电感电流和输出负载电压波形

利用 Cuk 变换器既可实现升压也可实现降压,图 3-22 的电压波形是升压工作状态的波形,波形为只有很少波纹的直流电压。另外,输入电流 $I_L$ 和输出电流 $I_{L1}$ 变成基本平直的波形。读者同样可试验一下降压工作状态。

## 【任务实施】小型 DC–DC 电源升压器的组装

### 一、实训目标

（1）了解直流斩波器的实际产品。
（2）了解直流斩波器的电路及应用。
（3）了解直流斩波器的简单调试及一般故障排除方法。

### 二、实训场所及器材

地点：应用电子技术实训室。
器材：焊台、常用仪表及装配工具。

### 三、实训步骤

1.　了解变换器的技术要求
基本特性：输入工作电压为 7.5～20VDC

最大输出开关电流：2A

电压范围：7.5V～51.5VDC（可调节），建议工作电压小等于 50V

高工作频率：100kHz

最高工作效率：87.7%（理论值，实际达不到）

2. 识读原理图（见图 3-23）

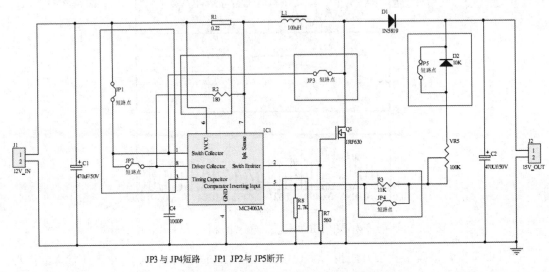

JP3 与 JP4 短路　　JP1 JP2 与 JP5 断开

图 3-23　小型 DC-DC 电源升压器

3. 清点元器件，焊接装配完成制作（见图 3-24）

图 3-24　装接完成的成品板

4. 调试变换器

调试要求：（电性能）

测试条件：$V_{in}$ = 12VDC，调节 VR5（100K 电位器）

当 $V_{R5}$=0kV 时：最低 $V_{out}$=12VDC，纹波系数小于 50mV$_{pp}$；

当 $V_{R5}$=100kV 时：最高 $V_{out}$=51.5VDC，纹波系数小于 100mV$_{pp}$。

输出电压计算：$V_{out}$=1.25×(1+($V_{R5}$+10)/2.7)（VR5 电位器阻值单位"k"）

5. 直流斩波器应用技术讨论

建议讨论题目有：

（1）直流斩波器对电力电子器件的要求；

（2）直流斩波器的作用。

### 四、任务考核方法

该任务采取单人逐项答辩式考核方法，针对制作实例教师对每个同学进行随机问答。

（1）直流斩波器的结构及类型。

（2）直流斩波器有哪些应用？

# 任务二　认识光伏发电系统直流变换器

## 【任务描述】

任务情境：认识光伏发电系统直流变换电路

利用风光互补发电系统平台，对照安装调试指导书观察测量发电 DC-DC 变换电路，了解实际电路及特点，从而掌握光伏发电系统中直流变换器的电路应用，图 3-25 是风光互补发电实训系统实物图。

图 3-25　KNT -WP01（KNT -SPV02）型风光互补发电实训系统

图 3-26 为光伏电池充电控制电路 DC-DC 变换原理图。

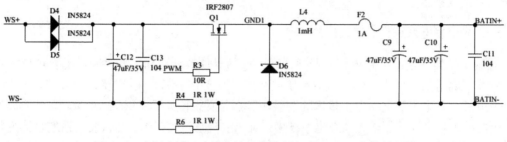

图 3-26　实例电路 1 光伏电池充电控制电路 DC-DC 变换原理图

图 3-27 为逆变部分 DC-DC 升压主电路。

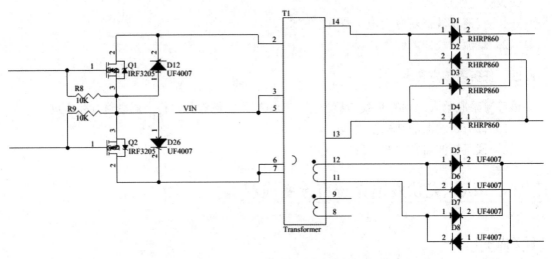

图 3-27    实例电路 2 逆变部分 DC-DC 升压主电路

**活动提示：**随着新能源的开发利用，特别是光伏发电技术的推广，电力电子技术在光伏发电系统中的应用越来越广泛。本任务要求进一步了解直流斩波器在光伏发电系统电能变换环节的电路特点，请同学们通过应用实例，掌握变换器的应用，为今后进入相关岗位奠定基础。

## 【相关知识】光伏发电系统直流变换器

太阳能是一种新型的绿色可再生能源，具有储量大、经济、清洁环保等优点。因此，太阳能的利用越来越受到人们的重视，而太阳能光伏发电技术的应用更是人们普遍关注的焦点。近年来，随着国内多个多晶硅生产项目的陆续完成，我国即将实现光伏电池原材料的自给，大规模推广光伏并网发电系统的时代即将到来。目前国内实际应用的光伏发电系统仍以独立系统为主。太阳能电池的输出特性受外界环境因素如光照、温度的影响，为了跟踪太阳能电池的最大功率点，提高太阳能电池的利用率，常在光伏发电系统中加入由最大功率点跟踪算法控制的直流变换环节。本任务重点研究应用于中小功率的多支路、两级式的光伏并网系统的直流变换器。

### 一、光伏发电系统直流变换器的特点

直流变换器是使用半导体开关器件，通过控制器件的导通和关断时间，配合电感、电容或高频变压器等器件实现对输出直流电压进行连续改变和控制的变换电路。近年来，随着高频化和软开关、多电平等电力电子技术的发展，直流变换器具备了体积小、重量轻、效率高等优点，因此越来越多地应用于光伏发电系统中。对比常规直流变换器，光伏发电系统直流变换器具有以下特点：

（1）在系统中发挥的作用不同。常规的直流变换器的功能是将不可控的、无法满足系统设计要求的直流电能变换为可控的、满足系统设计要求的直流电能；而应用于光伏发电系统中的直流变换器电路，除需要发挥直流电压变换的作用外，还需要兼顾实现太阳能电池的最大功率点跟踪的功能。

（2）控制方法不同。常规的直流变换器要求输出电压保持可控，因此闭环控制时，反馈信号一般为输出电压；而在光伏发电系统中，为了实现太阳能电池的最大功率点跟踪控制，直流变换器要通过适当的控制使太阳能电池的输出电压稳定在最大功率点电压附近，即直流变换器的输入电压要稳定在太阳能电池最大输出电压上。因此，当系统采取不同的 MPPT 算法时，反馈信号可能是变换器的输入电压、输入电流、输出电流或输入功率、输出功率等不同的状态量，一般多采用前馈方式进行控制。

（3）控制芯片性能不同。常规的直流变换器多为专用芯片提供控制信号，其控制过程较简单，使用模拟信号的集成电路芯片即可满足需要；而光伏发电系统中的 DC-DC 变换器，由于需要寻优太阳能电池的最大功率点，对控制芯片的计算能力及实时性有较高的要求，因而控制芯片一般为高性能单片机或 DSP。

（4）变换器应具备较高的响应速度。根据太阳能电池的工作原理，当光照强度、温度等自然条件改变时，太阳能电池的输出功率及最大工作点亦相应改变，由于光照强度、温度等自然条件变化剧烈且无法预估，为了配合光伏发电系统最大功率点跟踪算法更好地实现，直流变换器应能够稳定光伏电池的输出电压，且具备较高的响应速度。

## 二、光伏发电系统的总体框架

光伏发电系统直流变换器的硬件部分主要由太阳能电池、Boost 变换器主电路、电压和电流采样电路、控制电路、驱动电路等五部分构成。其系统框图如图 3-28 所示。

本任务只涉及直流变换器基础部分，即直流变换器主电路。图 3-28 中的数据采集模块、PWM 脉冲触发模块等涉及到软件程序方面的内容将在其他联合课程另行分析。光伏阵列产生电压、电流经传感器到达采样电路，接着通过 A/D 转换口采样为数字信号，然后经 MPPT 算法和 PWM 口一系列的转换驱动 Boost 变换器的主电路。

## 三、直流变换器主电路的结构

太阳能具有能量密度低的特点，因此在中小功率的光伏发电系统中，一般要求电力电子变换过程中的变换环节尽量少，主电路拓扑结构尽量简单，以尽量提高整个系统的效率。本文研究了应用于光伏发电系统中的 Buck 变换器、Boost 变换器和 Buck-Boost 变换器三种基本的直流变换器电路结构，并阐述了各基本电路的特点以及在光伏发电系统中可能的应用场合，并在此基础上选择其中的一种电路结构应用于系统中。除了这三种基本的直流变换器之外还有多种类型的变换器，尽管有诸多优点，但事实上不适合作为中小功率的光伏发电系统的直流变换器。

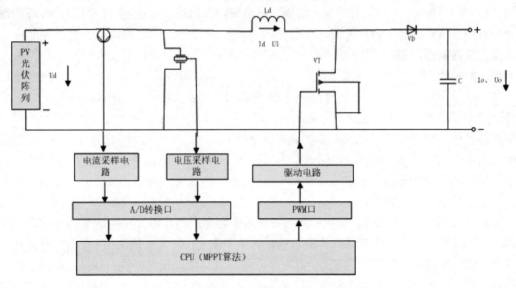

图 3-28　光伏发电系统直流变换器的总体框图

（1）图 3-29 所示为 Buck 变换器的电路结构，其中 S 为开关元件，它的导通与关断由控制电路决定，L 和 C 为储能和滤波元件。在开关 S 截止时，二极管 VD 可保证其输出电流连续，所以通常称为续流二极管。当开关 S 导通时，续流二极管 VD 截止，电源 $V_{in}$ 向负载供电，同时使电感 L 能量增加，电流流经电感 L，一部分向电容充电，另一部分流向负载供电，电路输出电压为 $V_o$。当开关 S 关断时，续流二极管 VD 导通，电感 L 和电容 C 放电，电流经二极管 VD 续流，二极管两端电压近似为零。当电路工作于稳态时，输出电压平均值为：

$$V_0 = t_{on}V_{in}/T = DV_{in} \tag{3-10}$$

其中，$T_{on}$ 为开关 S 的导通时间，T 为开关周期，D 为占空比（0<D<1）。由式（3-10）可知：$V_0 < V_{in}$。这种变换器适用于太阳能电池输出端电压高而负载电压低的情况。

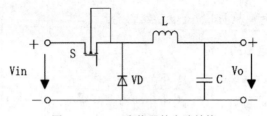

图 3-29　Buck 变换器的电路结构

（2）图 3-30 所示为 Boost 变换器的电路结构，当开关 S 导通时，电感 L 电流增加，电源向电感储存能量，二极管 VD 截止，电容 C 单独向负载供电；当开关 S 截止时，电感电流减小，释放能量，由于电感电流不能突变，产生感应电动势，迫使二极管 VD 导通，此时电感 L

与电源一起经二极管 VD 向负载供电，同时向电容 C 充电。当电路工作于稳态时，输出电压平均值为：

$$V_0 = V_{in}/(1-t_{on}/T) = V_{in}/(1-D) \qquad (3\text{-}11)$$

其中，$t_{on}$ 为开关 S 的导通时间，T 为开关周期，D 为占空比（0<D<1）。由于 1/(1-D)>1，故 $V_0 > V_{in}$。这种变换器适用于负载电压高而太阳能电池输出电压低的情况。

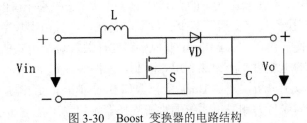

图 3-30　Boost 变换器的电路结构

（3）如图 3-31 所示为 Buck-Boost 变换器的电路结构，当开关 S 导通时，二极管 VD 截止，电源 $V_{in}$ 向电感 L 供电使其储存能量，负载由电容 C 供电；当开关 S 截止时，二极管 VD 导通，电感 L 中储存的能量向负载释放，同时给电容 C 充电，电源 $V_{in}$ 不向电路提供能量。当电路进入稳态后，输出电压平均值为：

$$V_0 = DV_{in}/(1-D) = MV_{in} \qquad (3\text{-}12)$$

其中，M 为 Buck-Boost 变换器的升压变比。由式（3-13）可知 0<M<∞，因此通过适当控制开关器件的占空比，既可以实现升压变换，也可以实现降压变换。从原理上说，Buck-Boost 变换电路具有更广泛的适用范围。

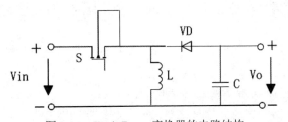

图 3-31　Buck-Boost 变换器的电路结构

在光伏发电系统中，这三种基本电路广泛应用于太阳能电池的最大功率点跟踪、蓄电池充电、基于直流电机的光伏水泵系统、离网光伏发电系统中的直流光伏照明以及光伏直流输电系统等。各电路具有结构简单、效率高、控制易实现等优点，但各自的缺点也显而易见：Buck 电路只能局限于降压输出的场合；Boost 电路与 Buck 电路互补，它只能实现太阳能电池输出电压升高变换，同时需要有合适的开关控制以免使输出电压升压过高；Buck-Boost 电路虽然可以得到较宽的输出电压范围，但增加了开关管电压应力。

在光伏发电系统的逆变环节，直流侧母线电压 $U_d$ 与交流侧输出电压 $U_0$ 满足如下关系：

$$U_{01m} \approx mU_d \qquad (3\text{-}13)$$

其中，$U_{01m}$ 为输出电压基波分量的峰值，m 为逆变器的调制比（m≤1）。因此，直流母线电压要大于输出电压基波分量的峰值，通常选为 400V，而太阳能电池的输出电压一般较低，由此可知，设计直流变换器稳定工作在升压状态可以使不同功率的太阳能电池得到灵活配置增大光伏发电系统的适用范围。

此外，在一天中的早上和傍晚的两个时间段，太阳辐射的强度很低，光伏电池的输出电压和电流均较低，采用工作在升压状态的直流变换器可以显著提高系统的运行时间，提高对光能的利用率。Boost 变换器具有变换环节少、效率高的优点，且由于功率开关管一端接地，其驱动电路设计更为方便；由于 Buck-Boost 变换电路的开关管位于电路的干路上，当开关关断时，太阳能电池输出的电能事实上无法利用。因此，在同等配置下，Boost 变换器的实际运行效率高于前者。基于以上分析，对比 Buck 变换器和 Buck-Boost 变换器，Boost 变换器更适合作为多支路、两级式的光伏并网发电系统的直流变换器。

### 四、直流变换器电路元件的选择

#### 1. 光伏发电系统直流变换器的性能分析

一般而言光伏阵列电池的输出电压较低，特别是在一天中的早上和傍晚的两个时间段，太阳辐射的强度很低，导致光伏电池的输出电压和电流均较低。因此前级 Boost 变换器必须具有高升压变比和高效率的特点。

根据太阳能电池的工作原理，当光照强度、温度等自然条件改变时，太阳能电池的输出功率及最大工作点亦相应改变，在目前的光伏发电系统中普遍应用了最大功率点跟踪算法以提高系统对光能的利用率。由于光照强度、温度等自然条件变化剧烈且无法预估，为了配合光伏发电系统最大功率点跟踪算法更好地实现，Boost 变换器应能够稳定光伏电池的输出电压，且具备较高的响应速度。

综上，光伏发电系统的工作条件要求 Boost 变换器应具备高升压变比、高效率和较高的系统动态响应速度的特点。

#### 2. 光伏发电系统直流变换器的器件选择

电感是 Boost 变换器的储能元器件之一，对于变换器在开关断开期间保持流向负载的电流发挥着关键的作用。Boost 电路中的电感设计有两个基本要求：一是要使电路工作在电流连续工作状态下，二是要保证电感流过峰值电流时不能饱和。

在 Boost 变换器工作过程中，电感中电流的波动会导致输入电压即太阳能电池的输出电压也随之波动。这必然会影响光伏电池最大功率点的稳定。输入电容具有存储能量，减少输入纹波的作用，电容值越大则输入端电压的波动越小。我们可以由所需要的输出纹波电压峰值确定输出滤波电容的最小值。

Boost 变换器的开关器件可选国际整流器公司的 IRFP250N 型 MOSFET，其最大工作电流为 30A，最高承受电压为 500V，导通阻抗为 0.075Ω。续流二极管可选用 S20LC40 型快速恢复二极管，其最大工作电流为 20A，承受的最大反向压降为 400V，反向恢复时间为 50ns。

本任务首先介绍了光伏发电系统直流变换器的特点，并给出了系统总体框图，接着详细说明了应用于光伏发电系统中的 Buck 变换器、Boost 变换器和 Buck-Boost 变换器的性能，阐述各基本电路的特点和在光伏发电系统中可能的应用场合，并在此基础上给出适合的变换器。

## 【知识拓展】直流 PWM 控制的基本原理及控制电路

### 一、直流脉宽调制（PWM）控制

直流脉宽调制（PWM）控制方式就是一系列如图 3-32 所示的等幅矩形脉冲 $u_g$ 对 DC-DC 变换电路的开关器件的通断进行控制，使主电路的输出端得到一系列幅值相等的脉冲，保持这系列脉冲的频率不变而宽度变化就能得到大小可调的直流电压。如图 3-32 所示的等幅矩形脉冲 $u_g$ 称为脉宽调制（PWM）信号。

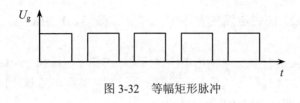

图 3-32　等幅矩形脉冲

### 二、脉宽调制（PWM）信号 $u_g$ 的产生

如图 3-33（a）所示是产生 PWM 信号的一种电路原理图。比较器 A 的反相端加频率和幅值都固定的三角波（或锯齿波）信号 $u_c$，而比较器 A 的同相端加上作为控制信号的直流电压 $u_r$，比较器将输出一个与三角波（或锯齿波）同频率的脉冲信号 $u_g$。$u_g$ 的脉冲能随 $u_r$ 变化而变化，如图 3-33（b）、（c）所示。输出信号 $u_g$ 的脉冲宽度是控制信号经三角波调制而成的，此过程为脉宽调制（PWM）。由图 3-33 可见，改变直流控制信号 $u_r$ 的大小只改变 PWM 信号 $u_g$ 的脉冲宽度而不改变其频率。三角波信号 $u_c$ 称为载波，控制信号 $u_r$ 称为调制波，输出信号 $u_g$ 称为 PWM 波。

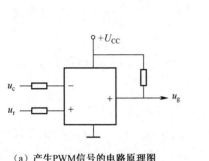

（a）产生PWM信号的电路原理图

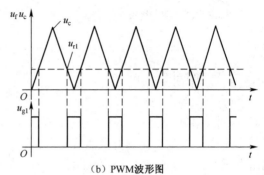

（b）PWM波形图

图 3-33　PWM 波形图

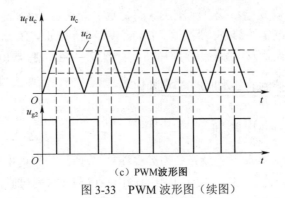

（c）PWM波形图

图 3-33　PWM 波形图（续图）

若用图阐述的 PWM 信号来控制单管斩波电路，则主电路输出电压的波形与 PWM 信号的波形一致。

图 3-34 所示是 PWM 控制电路的基本组成和工作波形。PWM 控制电路由以下几部分组成。

（1）基准电压稳压器：提供一个输出电压进行比较的稳定电压和一个内部 IC 电路的电源。

（2）振荡器：为 PWM 比较器提供一个锯齿波和该锯齿波同步的驱动脉冲控制电路的输出。

（3）误差放大器：使电源输出电压与基准电压进行比较。

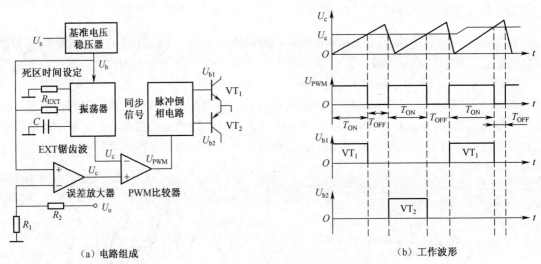

（a）电路组成　　　　　　　　　　　　　　　　（b）工作波形

图 3-34　PWM 控制电路

（4）脉冲倒相电路：以正确的时序使输出开关导通的脉冲倒相电路。

其基本工作过程是：输出开关管在锯齿波的起始点被导通。由于锯齿波电压比误差放大器的输出电压低，所以 PWM 比较器的输出较高，因为同步信号已在斜坡电压的起始点使倒相电路工作，所以脉冲倒相电路将这个高电位输出使 VT₁ 导通，当斜坡电压比误差放大器的输出高时，PWM 比较器的输出电压下降，通过脉冲倒相电路使 $VT_1$ 截止，下一个斜坡周期则重复这个过程。目前，PWM 控制器集成芯片应用广泛，如 SG1524/2524/3524 系列 PWM 控制器，它们主要由基准电源、锯齿波振荡器、电压比较器、逻辑输出、误差放大及检测和保护环节等部分组成。

### 三、直流开关电源的应用

传统的直流稳压器电源（如串式线性稳定电源）效率低，损耗大，温升高，且难以解决多路不同等级电压输出的问题。随着电力电子技术的发展，开关电源因其具有高效率、高可靠性、小型化、轻型化的特点而成为电子、电器、自动化设备的主流电源。如图 3-35 所示为 IBM PC/XT 系列 PC 主机开关电源原理框图，输入电压为 220V、50Hz 的交流电，经滤波、整流后变为 300V 左右的高压直流电，然后通过功率开关管的导通与截止将直流电压变成连续的脉冲，再经变压器隔离降压及输出滤波后变为低电压的直流电。开关管的导通与截止由 PWM 控制电路发出的驱动信号控制。PWM 驱动电路在提供开关驱动信号的同时，还要实现输出电压稳定的调节，并对电源负载提供保护，为此设有检测放大电路、过电流保护及过电压保护等环节，通过自动调节开关管的占空比来实现。

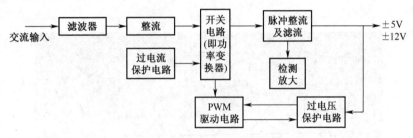

图 3-35　开关电源原理框图

### 【任务实施】观测光伏发电系统直流变换电路

#### 一、实训目标

（1）了解光伏电池充电控制电路中 DC-DC 变换器的特点及应用。
（2）了解逆变器中的 DC-DC 电路及应用。
（3）了解风光互补发电系统实训平台设备的使用。

#### 二、实训场所及器材

地点：风光互补发电系统实训室；
器材：常用仪表及装配工具。

### 三、实训步骤

**电路实例 1**

（1）了解充电控制单元结构，观测光伏电池充电控制电路中 DC-DC 变换器，控制单元接线端示意图及 PCB 板图分别如图 3-36 及图 3-37 所示。

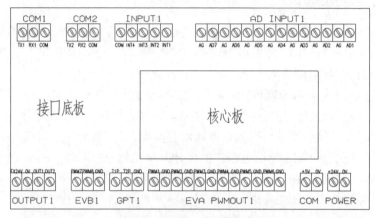

图 3-36　控制单元接线端示意图

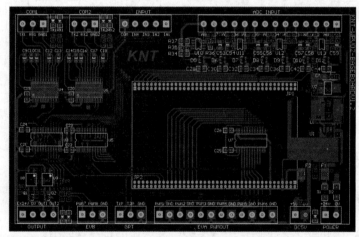

图 3-37　控制单元 PCB 板图

（2）分析变换器电路。

光伏充电系统的主电路采用 Buck 电路拓扑，主要由光伏电池、功率器件、滤波电感、电容、续流二极管、蓄电池组成，控制电路核心采用的是 TI 公司 DSP 芯片 TMS320F2812，主电路拓扑如图 3-38 所示。

控制电路：如图 3-39 所示，光伏电池由"WS+""WS-"接入，通过改变 PWM 信号的占空比调节 MOSFEET IRF2807 的导通/关断时间，输出电压经过电感、电容滤波后给蓄电池充电。控制电路采用电流、电压的双闭环控制，通过 DSP 输出 PWM 波形实现系统 MPPT 充电，对负载波动具有很好的抗扰作用。

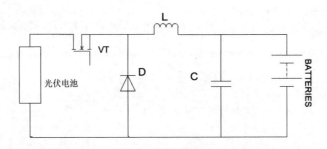

图 3-38　光伏充电系统主电路结构

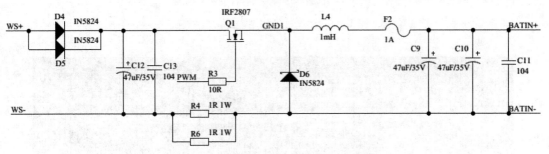

图 3-39　光伏电池充电控制电路原理图

驱动电路设计：如图 3-40 所示，驱动电路采用 IR2110S 芯片，兼有光耦隔离（体积小）和电磁隔离（速度快）的优点，其最大开关频率为 500kHz，隔离电压可达 500V。

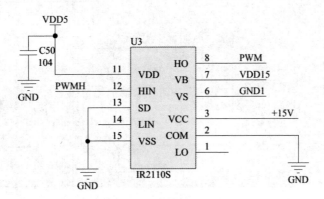

图 3-40　驱动电路

## 电路实例 2

（1）了解光伏发电系统逆变器电路中的 DC-DC 变换器，DC-DC 升压单元端子示意图及

PCB 图分别如图 3-41 及图 3-42 所示。

图 3-41  DC-DC 升压单元端子示意图

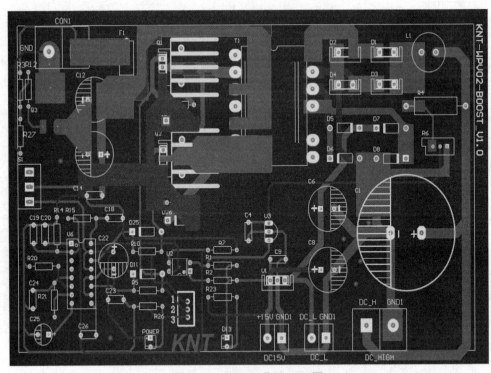

图 3-42  DC-DC 升压 PCB 图

（2）分析变换器电路。

逆变器中 DC-DC 升压部分采用 SG3525 产生两个互补的方波脉冲来驱动两个 IRF3205 MOS 管，使得 MOS 管互补导通，经过变压器升压过后，再经过整流电路达到 315V 稳定的直流高压。主电路如图 3-43 所示。

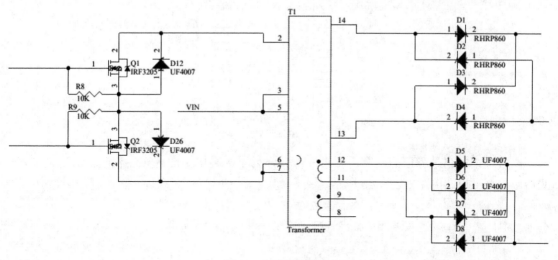

图 3-43　升压主电路

升压部分的驱动是用 SG3525 驱动的，升压驱动原理图如图 3-44 所示。

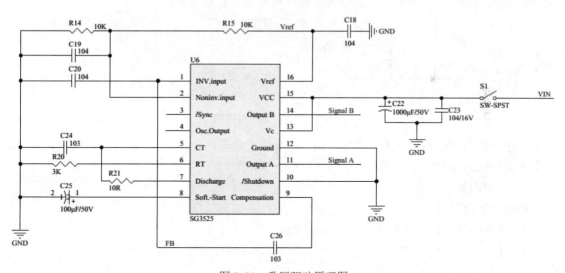

图 3-44　升压驱动原理图

SG3525 是美国硅通用半导体公司推出的以用于驱动 N 沟道功率 MOSFET，SG3525 是一种性能优良、功能齐全和通用性强的单片集成 PWM 控制芯片，它简单可靠，使用方便灵活，输出驱动为推拉输出形式，增加了驱动能力；内部含有欠压锁定电路、软启动控制电路、PWM 锁存器，有过流保护功能，频率可调，同时能限制最大占空比。

SG3525 是定频 PWM 电路，采用 16 引脚标准 DIP 封装。其各引脚功能如图 3-45 所示。

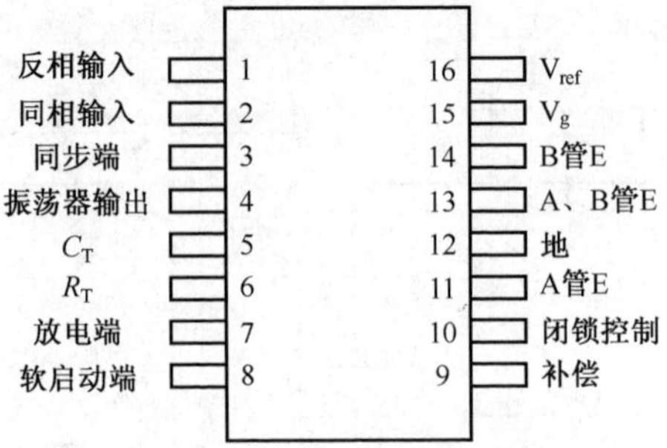

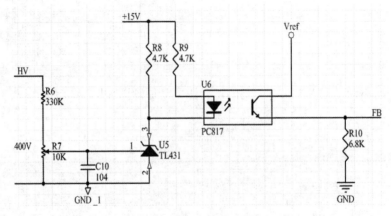

图 3-45　SG3525 引脚功能

电压反馈电路是稳压的一个重要组成部分，为了提高电源的可靠性和电压的稳定性，逆变器中的电压反馈电路如图 3-46 所示。

图 3-46　电压反馈保护电路

电压反馈保护就是把升压后的高压部分的电压采集反馈到 SG3525 驱动器，并根据电压实时调节驱动脉冲的占空比，以实现输出高压稳定的作用。

（3）应用技术讨论。

建议讨论题目有：

1）直流变换器在光伏发电系统中的应用特点；

2）光伏发电系统中充电控制电路和逆变器电路中直流变换器的选择。

**四、任务考核方法**

该任务采取单人逐项答辩式考核方法，针对电路实例教师对每个同学进行随机问答。

（1）充电控制电路中直流变换器的结构类型及特点。

（2）逆变器中使用的直流变换器的结构类型及特点。

## 任务三　调试光伏电源充放电控制器

### 【任务描述】

任务情境：调试实用光伏控制器

利用实物安装调试实用光伏电源控制器，进而掌握光伏电源控制器的应用，图 3-47 所示为市场热销的实用光伏充电控制器实物图。

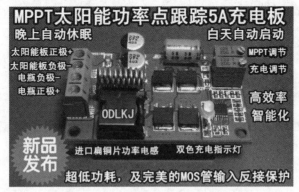

图 3-47　市场热销实用光伏充电控制器

**活动提示**：光伏控制器是利用直流变换器作为主电路，集成了多项电能变换技术，是太阳能光伏发电系统中的核心部件，本任务通过对实用控制器的安装调试，进一步掌握变换器的电路特点及应用，提高同学们对直流变换器的分析应用能力。

### 【相关知识】光伏电源充放电控制器

充放电控制器是能自动防止蓄电池组过充电和过放电并具有简单测量功能的电子设备。由于蓄电池组被过充电或过放电后将严重影响其性能和寿命，充放电控制器在光伏系统中一般是必不可少的。充放电控制器，按照开关器件在电路中的位置，可分为串联控制型和分流控制型；按照控制方式，可分为普通开关控制型（含单路和多路开关控制）和 PWM 脉宽调制控制型（含最大功率跟踪控制器）。开关器件，可以是继电器，也可以是 MOSFET 模块。但 PWM 脉宽调制控制器，只能用 MOSFET 模块作为开关器件。

### 一、太阳能光伏电源系统的组成

太阳能电池发电系统是利用以光生伏特效应原理制成的太阳能电池，是将太阳辐射能直接转换成电能的发电系统。它由太阳能电池方阵、控制器、蓄电池组、直流-交流逆变器等部分组成，其系统组成如图 3-48 所示。本项目将主要介绍控制器及应用。

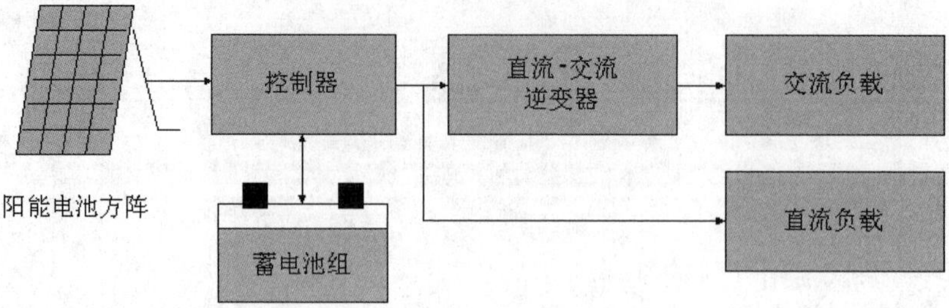

图 3-48　太阳能电池发电系统示意图

## 二、光伏电源充放电控制器

### 1. 控制器的功能

（1）高压（HVD）断开和恢复功能：控制器应具有输入高压断开和恢复连接的功能。

（2）欠压（LVG）告警和恢复功能：当蓄电池电压降到欠压告警点时，控制器应能自动发出声光告警信号。

（3）低压（LVD）断开和恢复功能：这种功能可防止蓄电池过放电。通过一种继电器或电子开关连接负载，可在某给定低压点自动切断负载。当电压升到安全运行范围时，负载将自动重新接入或要求手动重新接入。有时，采用低压报警代替自动切断。

（4）保护功能：

1）防止任何负载短路的电路保护。

2）防止充电控制器内部短路的电路保护。

3）防止夜间蓄电池通过太阳能电池组件反向放电保护。

4）防止负载、太阳能电池组件或蓄电池极性反接的电路保护。

5）在多雷区防止由于雷击引起的击穿保护。

（5）温度补偿功能：当蓄电池温度低于 25℃时，蓄电池应要求较高的充电电压，以便完成充电过程。相反，高于该温度蓄电池要求充电电压较低。通常铅酸蓄电池的温度补赏系数为 –5mv/℃/CELL。

### 2. 控制器的基本技术参数

（1）太阳能电池输入路数：1～12 路。

（2）最大充电电流。

（3）最大放电电流。

（4）控制器最大自身耗电不得超过其额定充电电流的 1%。

（5）通过控制器的电压降不得超过系统额定电压的 5%。

（6）输入输出开关器件：继电器或 MOSFET 模块。

（7）箱体结构：台式、壁挂式、柜式。

（8）工作温度范围：–15℃～+55℃。

（9）环境湿度：90%。

3. 控制器的分类

光伏充电控制器基本上可分为五种类型：并联型、串联型、脉宽调制型、智能型和最大功率跟踪型。

（1）并联型控制器：当蓄电池充满时，利用电子部件把光伏阵列的输出分流到内部并联电阻器或功率模块上去，然后以热的形式消耗掉。因为这种方式消耗热能，所以一般用于小型、低功率系统，例如电压在 12V、20A 以内的系统。这类控制器很可靠，没有如继电器之类的机械部件。

（2）串联型控制器：利用机械继电器控制充电过程，并在夜间切断光伏阵列。它一般用于较高功率系统，继电器的容量决定充电控制器的功率等级。比较容易制造连续通电电流在 45A 以上的串联控制器。

（3）脉宽调制型控制器：它以 PWM 脉冲方式开关光伏阵列的输入。当蓄电池趋向充满时，脉冲的频率和时间缩短。按照美国桑地亚国家实验室的研究，这种充电过程形成较完整的充电状态，它能增加光伏系统中蓄电池的总循环寿命。

（4）智能型控制器：采用带 CPU 的单片机（如 Intel 公司的 MCS51 系列或 Microchip 公司 PIC 系列）对光伏电源系统的运行参数进行高速实时采集，并按照一定的控制规律由软件程序对单路或多路光伏阵列进行切离/接通控制。对中、大型光伏电源系统，还可通过单片机的 RS232 接口配合 MODEM 调制解调器进行远距离控制。

（5）最大功率跟踪型控制器：将太阳能电池的电压 U 和电流 I 检测后相乘得到功率 P，然后判断太阳能电池此时的输出功率是否达到最大，若不在最大功率点运行，则调整脉宽，调制输出占空比 D，改变充电电流，再次进行实时采样，并作出是否改变占空比的判断，通过这样的寻优过程可保证太阳能电池始终运行在最大功率点，以充分利用太阳能电池方阵的输出能量。同时采用 PWM 调制方式，使充电电流成为脉冲电流，以减少蓄电池的极化，提高充电效率。

4. 控制器的基本电路和工作原理

（1）单路并联型充放电控制器

并联型充放电控制器原理图如图 3-49 所示，充电回路中的开关器件 T1 并联在太阳能电池方阵的输出端，当蓄电池电压大于"充满切离电压"时，开关器件 T1 导通，同时二极管 D1 截止，则太阳能电池方阵的输出电流直接通过 T1 短路泄放，不再对蓄电池进行充电，从而保证蓄电池不会出现过充电，起到"过充电保护"作用。

D1 为防"反充电二极管"，只有当太阳能电池方阵输出电压大于蓄电池电压时，D1 才能导通，反之 D1 截止，从而保证夜晚或阴雨天气时不会出现蓄电池向太阳能电池方阵反向充电，起到"反向充电保护"作用。

开关器件 T2 为蓄电池放电开关，当负载电流大于额定电流出现过载或负载短路时，T2 关断，起到"输出过载保护"和"输出短路保护"作用。同时，当蓄电池电压小于"过放电压"时，T2 也关断，进行"过放电保护"。

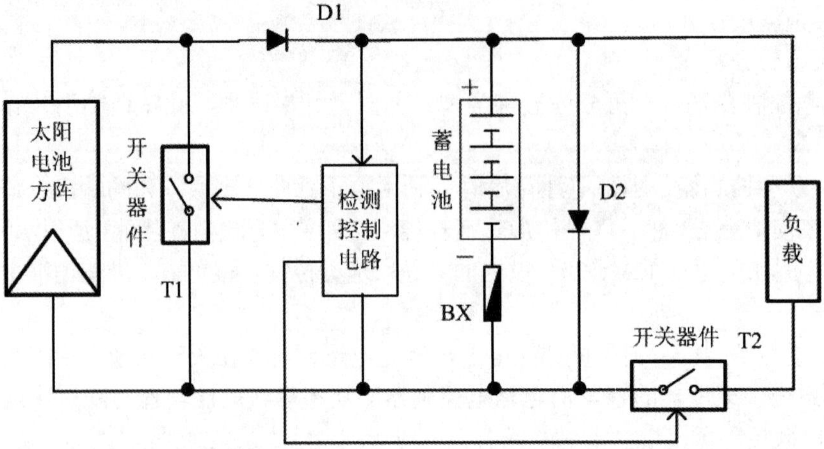

图 3-49 单路并联型充放电控制器原理框图

D2 为"防反接二极管"，当蓄电池极性接反时，D2 导通使蓄电池通过 D2 短路放电，产生很大电流快速将保险丝 BX 烧断，起到"防蓄电池反接保护"作用。

检测控制电路随时对蓄电池的电压进行检测，当电压大于"充满切离电压"时使 T1 导通进行"过充电保护"；当电压小于"过放电压"时使 T2 关断进行"过放电保护"。

（2）串联型充放电控制器

串联型充放电控制器如图 3-50 所示，和并联型充放电控制器电路结构相似，唯一区别在于开关器件 T1 的接法不同，并联型 T1 并联在太阳能电池方阵输出端，而串联型 T1 串联在充电回路中。当蓄电池电压大于"充满切离电压"时，T1 关断，使太阳能电池不再对蓄电池进行充电，起到"过充电保护"作用。

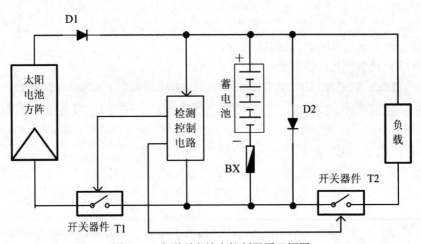

图 3-50 串联型充放电控制器原理框图

其他元件的作用和串联型充放电控制器相同，不再赘述。

（3）检测控制电路的组成和工作原理（如图 3-51 所示）

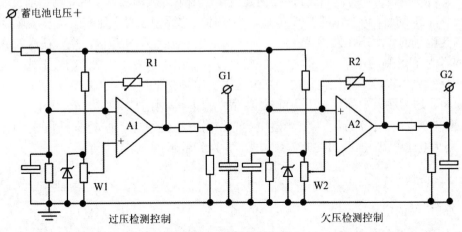

图 3-51　检测控制电路

检测控制电路包括过压检测控制和欠压检测控制两部分。

检测控制电路由带回差控制的运算放大器组成。A1 为过压检测控制电路，A1 的同相输入端由 W1 提供对应"过压切离"的基准电压，而反相输入端接被测蓄电池，当蓄电池电压大于"过压切离电压"时，A1 输出端 G1 为低电平，关断开关器件 T1，切断充电回路，起到过压保护作用。当过压保护后蓄电池电压又下降至小于"过压恢复电压"时，A1 的反相输入电位小于同相输入电位，则其输出端 G1 由低电平跳变至高电平，开关器件 T1 由关断变导通，重新接通充电回路。"过压切离门限"和"过压恢复门限"由 W1 和 R1 配合调整。

A2 为欠压检测控制电路，其反相端接由 W2 提供的欠压基准电压，同相端接蓄电池电压（和过压检测控制电路相反），当蓄电池电压小于"欠压门限电平"时，A2 输出端 G2 为低电平，开关器件 T2 关断，切断控制器的输出回路，实现"欠压保护"。欠压保护后，随着电池电压的升高，当电压又高于"欠压恢复门限"时，开关器件 T2 重新导通，恢复对负载供电。"欠压保护门限"和"欠压恢复门限"由 W2 和 R2 配合调整。

本任务首先介绍了光伏发电电源系统的组成，并给出了系统总体框图，接着详细说明了光伏电源充放电控制器：控制器的功能；控制器的基本技术参数；控制器的分类；控制器的基本电路和工作原理，为实训应用提供了基础铺垫。

## 【知识拓展】最大功率点跟踪技术

### 一、太阳能电池的特性及 MPPT 研究的必要性

1. 太阳能电池的发电原理及特性

太阳能是一种辐射能，它必须借助于能量转换部件才能转换成电能。太阳能电池就是一

种直接将太阳能转换为电能的转换部件。它的物理基础是两种不同半导体材料构成的大面积 PN 结，以及非平衡少数载流子在 PN 结内建电场作用下形成的漂移电流。用适当波长的光照射到半导体 PN 结时，半导体吸收光能后，半导体内的原子获得光能产生电子-空穴对，并在势垒区内建电场的作用下，发生漂移运动而分离，电子被送入 N 型区，空穴被送入 P 型区，从而使 N 型区有过剩的电子，P 型区有过剩的空穴。这样，就在 PN 结的附近形成了与势垒电场方向相反的光生电场。光生电场的一部分与内建电场相抵消，其余的使 P 型区带正电，N 型区带负电，这种现象被称为光生伏特效应，故太阳能电池通常又称为光伏电池。这样，P 型区和 N 型区产生的光生载流子，在内建电场的作用下，反方向穿过势垒，形成光电流。理想 PN 结的光伏电池电流-电压（I-V）关系如式（3-14）所示：

$$I = I_o \left[ \exp\left( \frac{qV}{KT} \right) - 1 \right] \tag{3-14}$$

其中，$I$ 为 PN 结的电流（A）；$I_o$ 为反向饱电流（A）；$V$ 为外加电压（V）；$q$ 是电子电荷（$1.6 \times 10^{-19}$ C）；$K$ 是波尔兹曼常数（$1.38 \times 10^{-23}$ J/K）；$T$ 是绝对温度（K）。

实际上太阳能电池还具有体串联电阻 $R_S$ 和并联电阻 $R_{Sh}$ 等。考虑到这些因素，通常采用如图 3-52 所示太阳能电池等效电路。实际太阳能电池中的电阻等参数是分布参数，但在工程应用中处理为集总参数后，其分析模型的精度仍足够准确，本文不考虑分布参数问题。通过二极管因子 A 可以考虑等效电路中二极管的非理想 PN 结，取值范围[1,5]。在如图设定的电压、电流方向下，可得太阳能电池的 I-V 特性方程为：

$$I = I_L - I_0 \left\{ \exp\left[ \frac{q(V + IR_S)}{AKT} \right] - 1 \right\} - \frac{V + IR_S}{R_{Sh}} \tag{3-15}$$

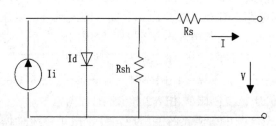

图 3-52 太阳能电池的等效电路

由太阳能电池的特性方程式（3-15）可得太阳能电池的 I-V 特性曲线如图 3-53 所示，该曲线是分析光伏发电系统最重要的技术数据之一，图 3-53 表明它具有强烈的非线性性质。

由太阳能电池的 I-V 特性曲线可以得到太阳能电池的几个重要技术参数：

（1）短路电流（$I_{sc}$）：在给定日照强度和温度下的最大输出电流。

（2）开路电压（$V_{oc}$）：在给定日照强度和温度下的最大输出电压。

（3）最大功率点电流（$I_m$）：在给定日照强度和温度下对应于最大功率点的电流。

（4）最大功率点电压（$V_m$）：在给定日照强度和温度下对应于最大功率点的电压。

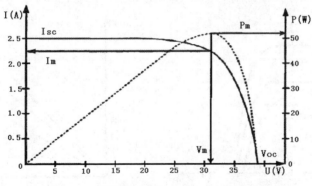

图 3-53　太阳能电池的 I-V 和 P-V 特性曲线

（5）最大功率点功率（$P_m$）：在给定日照强度和温度下阵列可能输出的最大功率：

$$P_m = I_m \times V_m$$

一个光伏电池单元一般只能产生大约 0.45V 的电压，远低于实际应用所需要的数值。在工程应用中，一般把光伏电池单元通过串联和并联连接成光伏组件，太阳能光伏组件包含一定数量的太阳能电池，这些太阳能电池通过导线连接。多个光伏组件可以通过串联和并联组成阵列。

2. 太阳能电池结温和日照强度对太阳能电池输出特性的影响

日照强度和电池结温是影响太阳能电池功率输出的最重要的参数，温度上升将使太阳能电池开路电压 $V_{oc}$ 下降，短路电流 $I_{sc}$ 则轻微增大，总体上会造成太阳能电池的输出功率下降，如图 3-54 和图 3-55 所示。需要指出的是这里的温度是指太阳能电池结温的变化，而不是指环境温度。图 3-56 和图 3-57 显示的是不同的太阳光辐射强度下太阳能的输出特性。从图中可以看出，太阳能电池的短路电流 $I_{sc}$ 与太阳光辐射强度成正比，开路电压 $V_{oc}$ 的变化并不大。因此，太阳光辐射强度的增大在总体上会使太阳能电池的输出功率上升。此外，无论在任何温度和太阳光辐射强度下，太阳能电池总有一个最大功率点，温度（或日照强度）不同，最大功率点的位置也不同。最大功率一般位于 $0.75 \sim 0.9 V_{oc}$（开路电压）或者 $0.85 \sim 0.95 I_{sc}$（短路电流）之间，这与太阳能电池的材料和制造工艺有关。

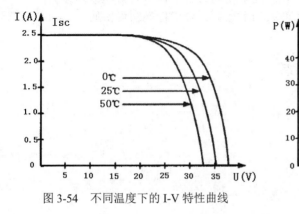

图 3-54　不同温度下的 I-V 特性曲线

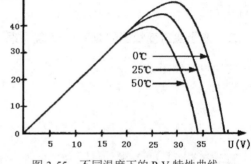

图 3-55　不同温度下的 P-V 特性曲线

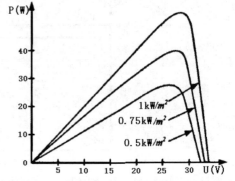

图 3-56　不同太阳光辐射强度下的 I-V 特性曲线　　图 3-57　不同太阳光辐射强度下的 P-V 特性曲线

3. 太阳能电池最大功率点跟踪研究的必要性及实现原理

由前述分析可知，在任何温度和太阳光辐射强度下，太阳能电池总有一个最大功率点，温度（或日照强度）不同，最大功率点的位置也不同。太阳能电池输出的最大功率就是它的额定功率，最大功率点跟踪（Maximum Power Point Tracking，MPPT）的目的就是使太阳能电池尽可能工作在最大功率点（Maximum Power Point，MPP）所对应的工作状态，将光伏组件产生的最大直流电能及时地尽可能多地加以利用，使光伏发电系统的系统能量利用率尽可能高。太阳能电池的最大功率点跟踪功能对于提高系统的整体效率有着重要的作用，其相关的软硬件在目前实际应用的光伏发电系统中是不可缺少的部分。

由上节太阳能电池的 P-V 特性可知，无论在任何温度和太阳光辐射强度下，太阳能电池的最大功率点总是惟一的，且对应惟一的太阳能电池输出电压值，即最大功率点电压（$V_m$）。当温度（或日照强度）变化时，$V_m$ 也随着最大功率点位置的变化而变化。当太阳能电池工作电压 $V_{PV}$ 小于最大功率点电压 $V_m$ 时，阵列输出功率随 $V_{PV}$ 的上升而增加；当 $V_{PV}$ 大于最大功率点电压 $V_m$ 时，阵列输出功率随 $V_{PV}$ 上升而减少。MPPT 最主要的任务是寻找合适的控制算法，找到光伏阵列在确定日照和温度条件下输出最大功率时对应的工作电压。同时控制光伏发电系统中太阳能电池的输出电压，使之能够在快速变化的天气条件下有效地跟踪最大功率点电压 $V_m$，从而使太阳能电池尽可能地工作在最大功率点上。MPPT 的实现实质上是一个动态自寻优过程。

## 二、基于直流变换器的 MPPT 实现原理

线性电路如图 3-58 所示。

图 3-58 中负载上的功率为：

$$P_{R_0} = I^2 R_0 = \left( \frac{V_i}{R_i + R_0} \right)^2 \times R_0 \qquad (3-16)$$

将式（3-16）对 $R_0$ 求导，因为 $V_i$、$R_i$ 都是常数，所以求得：

$$\frac{dP_{R_0}}{dR_0} = V_i^2 \frac{R_i - R_0}{(R_i + R_0)^3} \tag{3-17}$$

当 $R_0=R_i$ 时，$P_{R0}$ 有最大值。对于线性电路来说，当负载电阻等于电源内阻时，电源有最大功率输出。虽然太阳能电池和直流变换器都是强非线性的，但在极短的时间内可认为是线性电路。因此，只要调节直流变换器的等效电阻使它始终等于太阳能电池的内阻，就可实现太阳能电池的最大功率输出，也就实现了太阳能电池的最大功率点跟踪。从图 3-58 中可以看出，当 $R_0=R_i$ 时，$R_0$ 两端的电压是

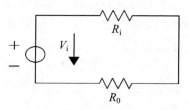

图 3-58　简单的线性电路

$V_i/2$，这表明若 $R_0$ 两端的电压等于 $V_i/2$，$P_{R0}$ 同样也是最大值。因此在实际应用中，通过调节负载两端的电压实现太阳能电池的最大功率点跟踪。

实际应用中，由于很难获取各点的等效电阻，一般不采用直接测量等效电阻的方法实现 MPPT。在不同的应用系统中，基于直流变换器实现 MPPT 时依据的变量有所不同，有依据电压偏差控制、依据功率偏差控制、依据电流偏差控制等，这些方法均能等效匹配太阳能电池和直流变换器的等效电阻，实现系统的功率寻优。

### 三、最大功率点跟踪算法

太阳能电池输出的最大功率就是它的额定功率，阵列工作点不同决定了它的输出功率也不同。光伏方阵的最优工作点称为最大功率点，它主要取决于电池板的工作温度和当时的光照水平。最大功率点跟踪（Maximum Power Point Tracking）的最主要的任务是寻找合适的控制算法，找到光伏阵列在确定日照和温度条件下输出最大功率时对应的工作电压。同时能在快速变化的天气条件下有效地跟踪最大功率点，控制电池板尽可能地工作在最大功率点上，将光伏组件产生的最大直流电能及时地尽可能多地加以利用，使光伏发电系统的系统能量利用率尽可能高。MPPT 的实现实质上是一个动态自寻优过程。MPPT 的算法目前主要有恒压跟踪法、功率回授控制法、扰动观察法、电导增量法、间歇扫描法、最优梯度法等。本文针对常用的 MPPT 实现方法：定电压跟踪法、扰动观察法及电导增量法进行了仔细的分析，并在这基础上提出了改进方案——变步长的电导增量法。

1.　恒压跟踪法（Constant Voltage Tracking，CVT）

在日照强度较高时，诸条曲线的最大功率点几乎分布于一条垂直线的两侧，这说明阵列的最大功率输出点大致对应于某个恒定电压，这就大大简化了系统 MPPT 的控制设计，即人们仅需从生产厂商处获得 $V_m$ 数据并使阵列的输出电压钳位于 $V_m$ 值即可，实际上是把 MPPT 控制简化为稳压控制，这就构成了 CVT 式的 MPPT 控制。采用 CVT 较之不带 CVT 的工作方式要有利得多，对于一般光伏发电系统可望获得多至 20% 的电能。

CVT 控制的优点是：

（1）控制简单，易实现，可靠性高。

（2）系统不会出现振荡，有很好的稳定性。

（3）可以方便地通过硬件实现。

但是这种跟踪方式忽略了温度对阵列开路电压的影响，在早晚和四季温差变化剧烈的情况下功率损失会很大，且必须有人工干预才能良好运行，实际上 CVT 只是一种近似的最大功率点跟踪方法。

采用 CVT 实现 MPPT 控制，由于其良好的可靠性和稳定性，目前在独立光伏发电系统中仍被较多使用。随着光伏发电系统控制技术的计算机及微处理器化，该方法逐渐被新方法所替代。

2. 扰动观察法（Perturb & Observe Algorithms，P&O）

扰动观察法（Perturb & Observe Algorithms，P&O）是目前实现 MPPT 常用的方法之一，其原理是给太阳能电池工作电压 $V_{pv}$ 加一个很小的扰动 $\Delta V$，测量其功率变化，与扰动之前功率值相比，如果功率的值增加，则表示扰动方向正确，可朝同一方向（$+\Delta V$）扰动；若扰动后的功率值小于扰动前，则往相反方向（$-\Delta V$）扰动。通过不断扰动使阵列输出功率趋于最大，即可使太阳能电池的工作点动态地稳定在最大功率点附近，如图 3-59 所示。扰动观察法的最大优点在于其算法简单，被测参数少，因而被较普遍地应用于光伏发电系统最大功率点跟踪控制。其缺点是系统的工作电压 $V_{pv}$ 和最大功率点电压 $V_m$ 之间始终有 $\pm\Delta V$ 的存在，在最大功率点跟踪过程中将导致部分功率损失。此外，在程序运行过程中有时会发生"误判"现象。

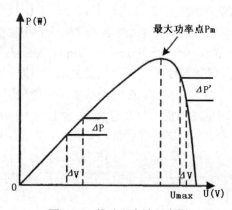

图 3-59　扰动观察法示意图

3. 电导增量法（Incremental Conductance Algorithm，INC）

电导增量法是利用光伏方阵输出端的动态电导的值（$\dfrac{\mathrm{d}I}{\mathrm{d}V}$）与此时的静态电导的负数（$-\dfrac{I}{V}$）相比较，以判断调节光伏方阵输出电压方向的一种 MPPT 的方法。电导微增法也是一种常用的 MPPT 算法之一，它依靠改变光伏方阵的输出电压来达到最大功率点（MPP），因此借助修改逻辑判断式来减少在 MPP 处的振荡现象，使其能快速适应气候条件的变化。

项目三

对于功率 $P$ 有：

$$P = I \times V$$

将上式两端对 $V$ 求导，并将 $I$ 作为 $V$ 的函数，可得：

$$\frac{\mathrm{d}P}{\mathrm{d}V} = \frac{\mathrm{d}(IV)}{\mathrm{d}V} = I + V\frac{\mathrm{d}I}{\mathrm{d}V}$$

从上式可知，当 $\dfrac{\mathrm{d}P}{\mathrm{d}V} > 0$ 时，$V$ 小于最大功率点电压；当 $\dfrac{\mathrm{d}P}{\mathrm{d}V} < 0$ 时，$V$ 大于最大功率点电压；当 $\dfrac{\mathrm{d}P}{\mathrm{d}V} = 0$ 时，$V$ 为最大功率点电压。即：

当 $V<V_{\max}$ 时：

$$\frac{\mathrm{d}I}{\mathrm{d}V} > -\frac{I}{V} \qquad (3\text{-}18)$$

当 $V>V_{\max}$ 时：

$$\frac{\mathrm{d}I}{\mathrm{d}V} < -\frac{I}{V} \qquad (3\text{-}19)$$

当 $V=V_{\max}$ 时：

$$\frac{\mathrm{d}I}{\mathrm{d}V} = -\frac{I}{V} \qquad (3\text{-}20)$$

因此，可以根据上述关系来调整工作点电压而实现最大功率点的跟踪。此跟踪法最大的优点，是当太阳能电池上的照度产生变化时，其输出端电压能以平稳的方式追随其变化，其电压晃动较扰动观察法小。不过其算法较为复杂，且在跟踪的过程中需花费相当多的时间去执行 A/D 转换，这对微处理器在控制上会造成相当大的困难。而且当传感器的精度有限时，满足 $\dfrac{\mathrm{d}I}{\mathrm{d}V} = -\dfrac{I}{V}$ 的概率是有限的，将不可避免地产生误差。

## 【任务实施】实用光伏控制器的安装调试

### 一、实训目标

（1）了解光伏控制器的实用产品。
（2）了解实用光伏控制器的电路及应用。
（3）了解光伏控制器的简单调试及一般故障排除方法。

### 二、实训场所及器材

地点：应用电子技术实训室。
器材：焊台、常用仪表及装配工具。

### 三、实训步骤

1. 了解光伏控制器的应用特点

（1）该充电控制板采用先进的 MPPT 太阳能最大功率跟踪技术，2A/5A 大电流智能涓流、恒流、恒压充电管理板，充满自动停止，晚上休眠，白天自主启动，实现无人值守完全智能化管理。

（2）太阳能电池最大功率点跟踪，输出电流大于太阳能板电流，真正超高效率 MPPT，支持 8～28V，100W 以内太阳能大电流充电，建议每个太阳能板配一个此模块，可多个模块并联扩大充电电流。

（3）可任意调节输出电压，CC-CW 自动控制（可支持单节或多节锂电池或磷酸铁锂或铅酸电池，大功率 LED 等）。

（4）电池进行完整的充电管理。

（5）PWM 开关频率：300kHz。

（6）恒流充电电流由外部电阻设置（预设 5000mA/2000mA）。

（7）对深度放电的电池进行涓流充电。

（8）充电状态和充电结束状态双指示（充电时红灯亮/充满蓝灯亮/红灯闪蓝灯常亮说明没有接电池）。

（9）低功耗软启动功能。

（10）采用进口高频低导通内阻双 MOS 管、10A 大电流双二极管、高效扁平大功率电感、康铜电流检测电阻，超低压差的完美防反接保护，接反不工作，杜绝反接损坏充电板。

2. 了解控制器模块的参数

模块性质：具有真正的 MPPT 太阳能最大功率点跟踪功能，全自动智能化充电管理，低功耗。

输入电压：DC 8～28V 输入直流电压（禁止输入交流电）。

输出电压：DC 5～26V 无级可调输出，可以充 6V 或是 12V 电瓶或是 8.4V、12.6V、16.8V 锂电池，7.2V、10.8V、14.4V 磷酸铁锂电池，2～4 串锂电池、磷酸铁锂充电管理板。

输出电流：2A/5A 最大充电电流有两种：A 版本 5A，B 版本 2A。默认 5A 的 A 版本。

充电指示灯：有。快速充电红色灯长亮，充满电红蓝灯交替闪亮。充满自动停止。

MPPT 功能：有。MPPT 最大功率点自动跟踪功能，能最大限度的充分利用太阳能充电。

最低压差：1V（因为是降压稳压模块，输入电压至少要比输出高 1V）。

超低功耗：是。采用超低压差设计以达到低功耗及更高转换效率，专业适配太阳能电池板。

工作温度：工业级（−40℃到+85℃）。

负载调整率：±1%。

电压调整率：±0.5%。

转换效率：Max——93%　Peak——95%不同光照条件有所不同。

充电方式：全自动智能化三阶段充电模式。自跟踪太阳能功率大小自动调节充电电流大小。

空载电流：3MA 就算是早上弱的太阳光都可以轻松自动启动，免除手动开关。

输入反接保护：有。独家设计 MOS 管超低压差防反接保护，输入反接不工作。

输出反流保护：有。有效防止夜间电瓶的电回流充电板。

接线方式：有接线端子。

MPPT 电压：任意可调。

3. 识读实物和电路功能

实物和电路功能如图 3-60 所示。

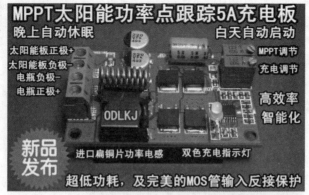

图 3-60　实物和电路功能

4. 安装调试控制器

调试方法：

步骤 1：接上太阳能电池，不接被充电瓶，若输出有电压则进行步骤 2。若无输出则逆时针缓慢调小 MPPT 直到有输出电压；

步骤 2：逆时针调小输出电压直到红蓝灯闪烁，然后粗调输出电压到充满截止电压；

步骤 3：接入没电的电瓶，并在输出端串电流表监测充电电流，微调 MPPT 电位器直到充电电流最大；

步骤 4：接入刚好充满的电瓶，若蓝灯亮则顺时针调大输出电压直到红灯亮。然后逆时针缓慢调小输出电压直到刚好蓝灯亮，然后用万用表测量确定截止电压是否正确，避免过充。

用稳压电源代替太阳能板的调试方法：

步骤 1：把稳压电源调到太阳能 MPPT 电压（如 18V）；

步骤 2：稳压电源接输入端，不接被充电池，若输出有电压则顺时针调大 MPPT 直到无电压输出。然后逆时针缓慢调小 MPPT 直到刚好有输出电压；

步骤 3：逆时针调小输出电压直到红蓝灯闪烁，然后粗调输出电压到充满截止电压；

步骤 4：接入刚好充满的电池，若蓝灯亮则顺时针调大输出电压直到红灯亮。然后逆时针缓慢调小输出电压直到刚好蓝灯亮，然后用万用表测量确定截止电压是否正确，避免过充。

注意事项：第一次充电请事先调节好输出电压并请密切监控电池电压防止过充！请勿对无保护的锂电池充电！

5．光伏控制器应用技术讨论

建议讨论题目有：

（1）光伏控制器的类型及特点。

（2）光伏控制器的控制功能及作用。

## 四、任务考核方法

该任务采取单人逐项答辩式考核方法，针对制作实例教师对每个同学进行随机问答。

（1）实用光伏控制器的控制功能及作用是什么？

（2）实用光伏控制器调试时注意什么？

## 【拓展实例】

**实例**　太阳充电控制器及检测电路（原电子产品装配与调试竞赛题，如图 3-61 所示。）

图 3-61　太阳充电控制器及检测电路成品板

基本功能：

（1）模拟太阳能电池板（恒流源）的工作状态，工作电流可调；

（2）用 PWM 信号控制太阳能电池板电流，通过按键设置显示数值而改变 PWM 的信号的占空比；

（3）模拟蓄电池负载，负载电流可调；

（4）通过测量太阳能电池板的电压，控制蓄电池充电电流使充电功率最大化；

（5）每按一次键蜂鸣器响一次，同时 PWM 输出的信号波形也根据设置的参数改变。

拓展要求：有操作基础技能较强的同学可选作，要求独立完成，并写出实训报告书。

## 【项目总结】

知识目标：

（1）了解直流斩波器的工作原理。

（2）掌握直流斩波器基本电路。

（3）了解直流斩波器在光伏发电技术中的应用。

（4）了解直流变换器的控制技术及应用。

能力目标：

（1）能够区分直流斩波器种类，会分析其工作原理。

（2）能够分析光伏发电技术中直流变换器及其应用。

（3）能够分析光伏电源充放电控制器的控制原理及应用。

项目分解为：

任务一　制作小型 DC-DC 电源升压器

任务二　认识光伏发电系统直流变换器

任务三　调试光伏电源充放电控制器

本项目首先通过应用实例，掌握变换器的电路特点及应用，从中发现直流斩波器技术的优势，提高同学们的专业学习兴趣。然后利用实训配置的风光互补发电系统平台，结合大赛资源和课程群内各联合课程，进一步了解直流斩波器在光伏发电系统电能变换环节的电路特点，通过应用实例，掌握变换器的应用，为今后进入相关岗位奠定基础。最后通过对实用控制器的安装调试，进一步掌握变换器的电路特点及应用，提高了同学们对直流变换器的分析应用能力。

## 【项目训练】

1．什么是直流斩波器？它有哪些方面的应用？

2．直流斩波器主要有几种控制方式？

3．直流斩波器的种类有哪些？常用的有几种基本电路？

4．用全控型电力电子器件组成的斩波器比普通晶闸管组成的斩波器有哪些优点？

5．光伏发电系统直流变换器的特点是什么？

6. 简述光伏发电系统直流变换器的总体构成。

7. 光伏发电系统直流变换器主电路结构如何选择？

8. 光伏发电系统直流变换器的器件如何选择？

9. 试述任务 2 电路实例 1 直流变换的原理。

10. 试述任务 2 电路实例 2 直流变换的原理。

11. 简述光伏电源系统的组成。

12. 光伏控制器主要实现哪些功能和作用？

13. 光伏控制器有哪些类型？

14. 试述光伏充放电控制器的工作原理。

## 【拓展训练】直流变换电路仿真测试

### 一、直流降压斩波电路

直流降压斩波电路仿真模型如图 3-62 所示，直流电源电压为 200V，负载为电阻电感反电动势负载，电阻为 2Ω，电感为 5mH，反电动势为 80V。开关管采用 IGBT 为模型，驱动信号频率为 1000Hz，占空比为 70%。此时电路的仿真波形如图 3-63 所示。三幅波形图中的波形依次为驱动信号、负载电流、负载电压。电路仿真中将仿真时间设为 0.02s，最终显示波形为 0.01～0.02s 的电路波形，此时电路已接近稳态。读者可以改变驱动信号的占空比观察电路波形发生的变化，同时可以将负载反电动势改为 160V，观察电流断续时电路的工作波形。

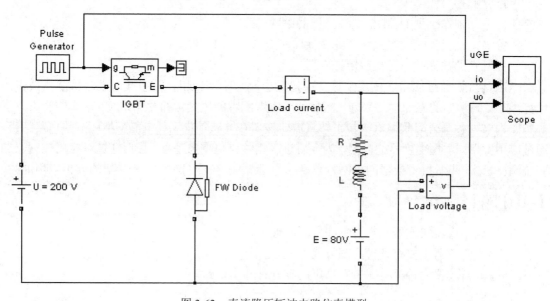

图 3-62　直流降压斩波电路仿真模型

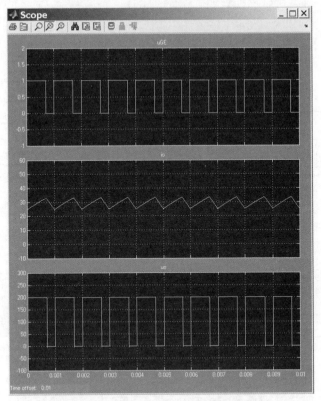

图 3-63　直流降压斩波电路仿真波形

## 二、直流升压斩波电路

直流升压斩波电路仿真模型如图 3-64 所示，直流电源电压为 100V，负载为带有电容滤波的电阻负载，电阻为 25Ω，滤波电容为 100μF。开关管采用 IGBT 为模型，驱动信号由 "Pulse Generator" 环节产生，驱动信号频率为 1000Hz，占空比为 70%。此时电路的仿真波形如图 3-65 所示。三幅波形图中的波形依次为驱动信号、负载电流、负载电压。电路仿真中，将仿真时间设为 0.03s，最终显示波形为 0.02～0.03s 的电路波形，此时电路已接近稳态。读者可以改变驱动信号的占空比观察电路波形发生的变化。

## 三、直流升降压斩波电路

直流升降压斩波电路仿真模型如图 3-66 所示，直流电源电压为 100V，负载为带有电容滤波的电阻负载，电阻为 2Ω，滤波电容为 1000μF。开关管采用 IGBT 为模型，驱动信号由 "Pulse Generator" 环节产生，驱动信号频率为 1000 Hz，占空比为 50%。此时电路的仿真波形如图 3-67 所示。三幅波形图中的波形依次为驱动信号、负载电流、负载电压。电路仿真中，将仿真时间设为 0.04s，最终显示波形为 0.03～0.04s 的电路波形，此时电路已接近稳态。读者可以改变驱动信号的占空比观察电路波形发生的变化。

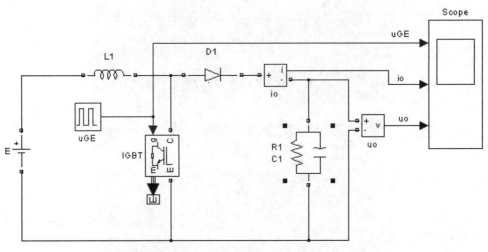

图 3-64　直流升压斩波电路仿真模型

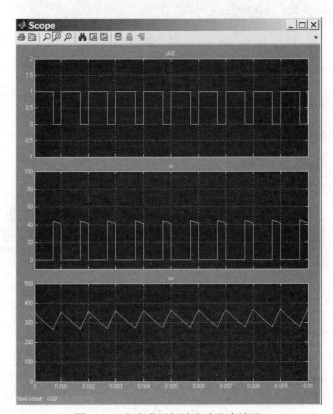

图 3-65　直流升压斩波电路仿真波形

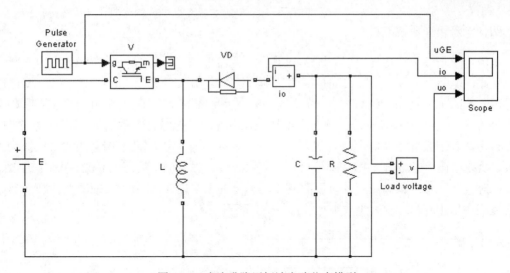

图 3-66　直流升降压斩波电路仿真模型

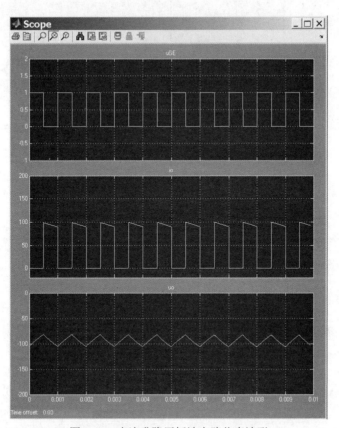

图 3-67　直流升降压斩波电路仿真波形

## 四、电流可逆斩波电路

电流可逆斩波电路仿真模型如图 3-68 所示，直流电源电压为 100V，负载为电阻电感反电动势负载，电阻为 1Ω，电感为 1mH，反电动势为 50V。开关管采用 MOSFET 模型，VT1 驱动信号由 "Pulse Generator"环节产生，驱动信号频率为 1000Hz，占空比为 70%。为保证 VT2 驱动信号与 VT1 反相，采用 Simulink 基本库中"User-Defined Functions"下的自定义函数环节"Fcn"将 VT1 驱动信号反相。此时电路的仿真波形如图 3-69 所示。两幅波形图中的波形依次为负载电流、负载电压。电路仿真中，将仿真时间设为 0.03s，最终显示波形为 0.02～0.03s 的电路波形，此时电路已接近稳态。读者可以改变驱动信号的占空比（如 30%）或改变负载中反电动势的数值（如 100V），观察负载电流波形发生的变化。

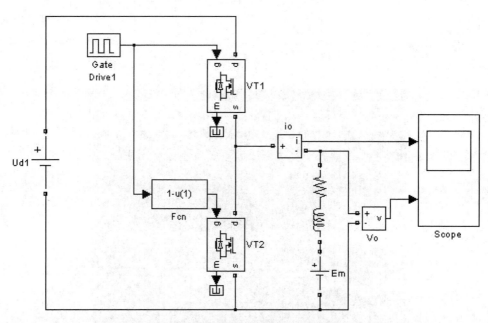

图 3-68　电流可逆斩波电路仿真模型

## 五、多相多重斩波电路

由三个降压斩波电路构成的多相多重斩波电路仿真模型如图 3-70 所示，直流电源电压为 200V，负载为电阻负载，电阻为 2Ω，滤波电感为 5mH。开关管采用 IGBT 为模型，驱动信号由三个 "Pulse Generator" 环节产生，每个环节产生频率为 1kHz、占空比为 20%的驱动信号，三个驱动信号依次相差 0.33ms（对应 1kHz 相位为 120°），此时电路的仿真波形如图 3-71 所示。按照黄色、紫色、蓝色曲线颜色顺序三幅波形图中的波形依次为 IGBT1/IGBT2/IGBT3 驱动信号、电感 L1/L2/L3 电流、负载电压/电源电流。电路仿真中，将仿真时间设为 0.03s，最终显示波形为 0.02～0.03s 的电路波形，此时电路已接近稳态。读者可以改变驱动信号的占空比为 33%、50%等数值观察电路波形发生的变化。

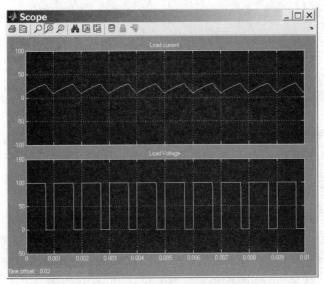

图 3-69　电流可逆斩波电路仿真波形

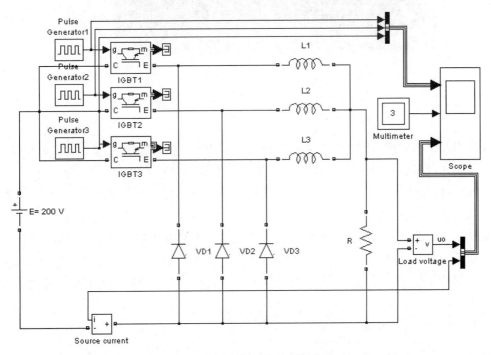

图 3-70　多相多重斩波电路仿真模型

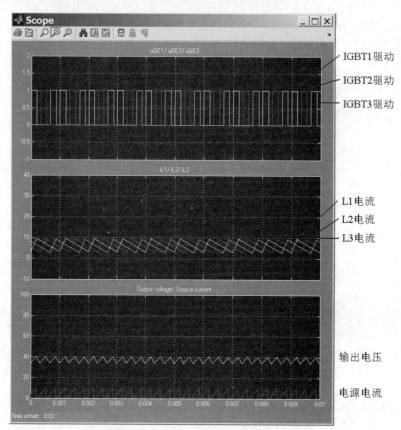

图 3-71　多相多重斩波电路仿真波形

## 六、正激电路

正激电路结构如图 3-72 所示，直流电源电压为 100V，输出为带电感、电容滤波的电阻性负载，输出滤波电感为 1mH，滤波电容为 40μF，电阻为 4Ω。开关管采用 MOSFET，驱动信号由"Pulse Generator"环节产生，频率为 20kHz，占空比为 40%。变压器含有三个绕组，分别为一次、二次和复位绕组，电压比为 1:1:1，在变压器环节中设置观测其励磁电流以便观察磁心复位情况。此时电路的仿真波形如图 3-73 所示。电路仿真中将仿真时间设为 3ms，最终显示波形为 2.5～3ms 的电路波形，此时电路已接近稳态。按照黄色、紫色、蓝色曲线颜色顺序三幅波形图中的波形依次为：开关管电流/开关管电压、电感电流/变压器励磁电流、输出电压。读者可以改变驱动信号的占空比分别为 50% 及 51%观察变压器励磁电流及开关管电压波形的变化。

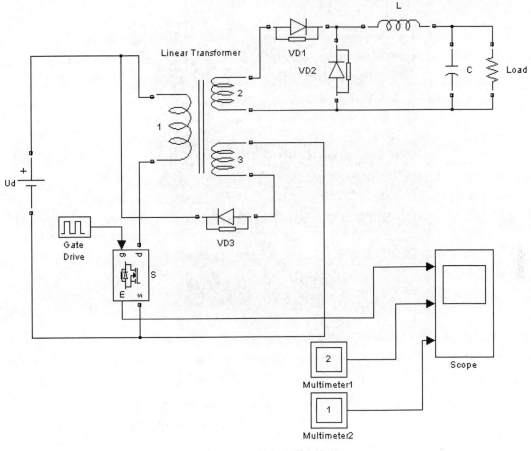

图 3-72  正激电路仿真模型

## 七、反激电路

反激电路仿真模型如图 3-74 所示，直流电源电压为 100V，输出为电阻性负载，输出滤波电容为 10μF，电阻为 100Ω。开关管采用 MOSFET 模型，驱动信号由"Pulse Generator"环节产生，频率为 20kHz，占空比为 30%。变压器电压比为 1:1。此时电路的仿真波形如图 3-75 所示。电路仿真中将仿真时间设为 1ms，最终显示波形为 0.5~1ms 的电路波形，此时电路已接近稳态。四幅波形图中的波形依次为：开关管电流、二极管电流、开关管电压、输出电压。波形中在开关管开通及关断时刻出现电流、电压尖峰及振荡是由于变压器及开关器件模型中的吸收元件等引起，在实际电路波形中也是存在的。

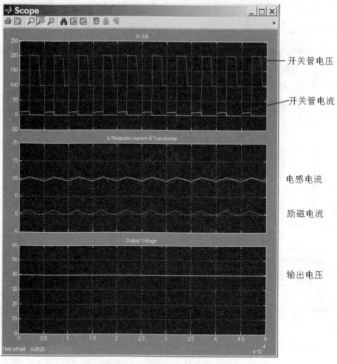

图 3-73　正激电路仿真波形

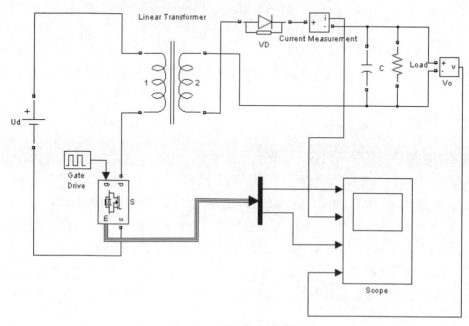

图 3-74　反激电路仿真模型

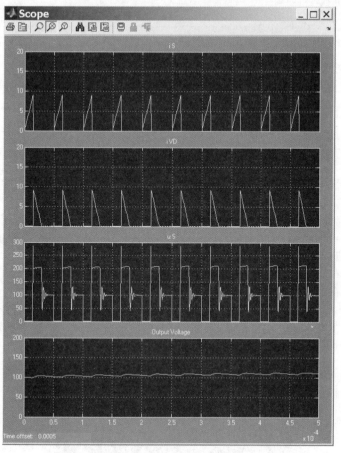

图 3-75　反激电路仿真波形

## 八、半桥电路

半桥型 DC-DC 电路仿真模型如图 3-76 所示，两个直流电源电压均为 100V，负载为电阻负载，电阻为 2Ω，输出滤波电感 0.1mH，滤波电容为 20μF。变压器电压比为 1:0.5:0.5。开关管采用 MOSFET 为模型，驱动信号由两个 "Pulse Generator" 环节产生，每个环节产生频率为 20kHz，占空比为 30% 的驱动信号，两个驱动信号间留有 25μs 的延时（对应 20kHz，即 180° 相位差）。此时电路的仿真波形如图 3-77 所示。按照黄色、紫色曲线颜色顺序四幅波形图中的波形依次为：S1 驱动信号、Sl 电流、S1 电压、滤波电感电流/VDl 电流。电路仿真中将仿真时间设为 1ms，最终显示波形为 0.5~1ms 的电路波形，此时电路已接近稳态。

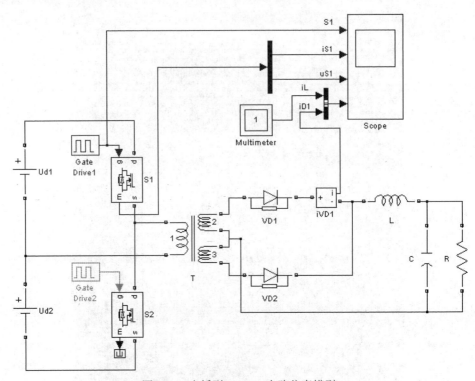

图 3-76　半桥型 DC-DC 电路仿真模型

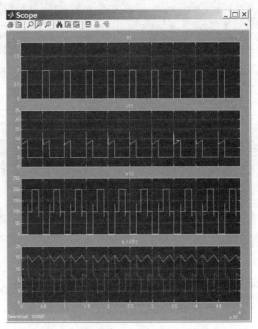

图 3-77　半桥型 DC-DC 电路仿真波形

## 九、全桥电路

全桥型 DC-DC 电路仿真模型如图 3-78 所示，直流电源电压为 200V，负载为电阻负载，电阻为 3Ω，输出滤波电感 0.1mH，滤波电容为 20μF。变压器电压比为 1:0.5。开关管采用 MOSFET 为模型，驱动信号由两个 "Pulse Generator" 环节产生，每个环节产生频率为 20kHz、占空比为 30% 的驱动信号，两个驱动信号间留有 25μs 的延时（对应 20kHz，即 180°相位差）。此时电路的仿真波形如图 3-79 所示。按照黄色、紫色曲线颜色顺序四幅波形图中的波形依次为：S1 和 S4 驱动信号、S1 电流、S1 电压、滤波电感电流/VD1 电流。电路仿真中将仿真时间设为 1ms，最终显示波形为 0.9～1ms 的电路波形，此时电路已接近稳态。

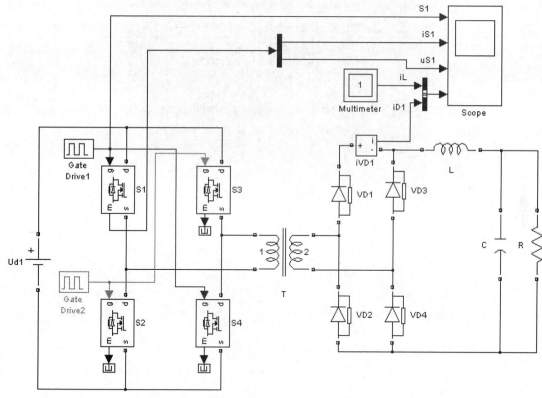

图 3-78　全桥型 DC-DC 电路仿真模型

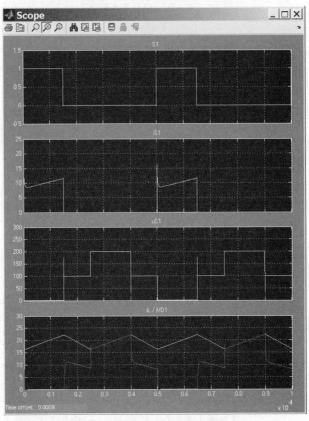

图 3-79　全桥型 DC-DC 电路仿真波形

# 4

## 光伏逆变器的安装与调试

### 【项目导读】

在光伏电站中，逆变技术的作用在于将光伏电池产生的直流电转化成交流电，通过全桥电路，一般采用 SPWM 处理器经过调制、滤波、升压等，得到与照明负载频率、额定电压等相匹配的正弦交流电，从而用于民用和生产。在光伏电池本身效率并不高的情况下，逆变器的能源转化效率决定了光伏发电系统的电能转换效率和投资回报率。

对于光伏逆变技术的掌握，应从简单逆变器制作入手，内容由易到难，最终以阶梯递进的方式掌握大功率、高品质逆变器的工作原理与技术。

项目分解：

任务一　制作小功率单相逆变器

任务二　安装与调试光伏发电系统逆变器

## 任务一　制作小功率单相逆变器

### 【任务描述】

任务情境：小功率单相逆变器制作

电源逆变器是随着电力电子技术的发展而发展起来的一门新技术，通过电源逆变器可以实现将直流电流变为交流电流的变换，即 DC-AC 变换。请同学们通过应用实例，掌握逆变器的电路特点及应用，从中理解逆变器的用途，提高同学们的专业学习兴趣。

对照参考图纸制作一个小功率逆变器，进而掌握逆变器的结构和工作原理，了解各部分的作用。逆变器原理图、外形图如图 4-1、图 4-2 所示。

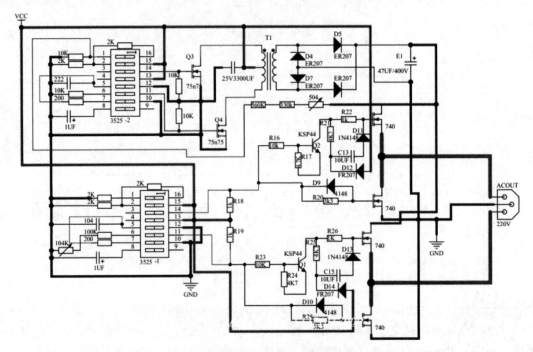

图 4-1　小功率逆变器的电路原理图

图 4-2　小功率逆变器示意图

## 【相关知识】DC-AC 变换器（逆变器）

### 一、逆变器概述

逆变器也称逆变电源，是将直流电能转变成交流电能的变流装置，是太阳能、风力发电中的一个重要部件。随着微电子技术与电力电子技术的迅速发展，逆变技术也从通过直流电动机－交流发电机的旋转方式逆变技术，发展到二十世纪六七十年代的晶闸管逆变技术，而二十一世纪的逆变技术多数采用了 MOSFET、IGBT、GTO、IGCT、MCT 等多种先进且易于控制的功率器件，控制电路也从模拟集成电路发展到单片机控制甚至采用数字信号处理器（DSP）控制。各种现代控制理论如自适应控制、自学习控制、模糊逻辑控制、神经网络控制等先进控制理论和算法也大量应用于逆变领域。其应用领域也达到了前所未有的广阔，从毫瓦级的液晶背光板逆变电路到百兆瓦级的高压直流输电换流站；从日常生活的变频空调、变频冰箱到航空领域的机载设备；从使用常规化石能源的火力发电设备到使用可再生能源发电的太阳能风力发电设备，都少不了逆变电源。毋须怀疑，随着计算机技术和各种新型功率器件的发展，逆变装置也将向着体积更小、效率更高、性能指标更优越的方向发展。

## 二、逆变器的定义及分类

逆变器是通过半导体功率开关的开通和关断作用，把直流电能转变成交流电能的一种变换装置，是整流变换的逆过程。

逆变器及逆变技术按输出波形，主电路拓扑结构、输出相数等方式来分类，有多种逆变器，具体如下：

（1）方波逆变器、正弦波逆变器、阶梯波逆变器（按输出电压波形分类）。

（2）单项逆变器、三相逆变器、多项逆变器（按输出交流电相数分类）。

（3）电压源型逆变器、电流源型逆变器（按输入直流电源性质分类）。

（4）推挽逆变器、半桥逆变器、全桥逆变器（按主电路拓扑结构分类）。

（5）单向逆变器、双向逆变器（按功率流动方向分类）。

（6）有源逆变器、无源逆变器（按负载是否有源分类）。

（7）低频逆变器、工频逆变器、中频逆变器、高频逆变器（按输出交流电的频率分类）。

（8）低频环节逆变器、高频环节逆变器（按直流环节特性分类）。

## 三、现代逆变技术的发展趋势

逆变技术的原理早在 1931 年就有人研究过，从 1948 年美国西屋电气公司研制出第一台 3kHz 感应加热逆变器至今已有近 60 年历史了，而晶闸管 SCR 的诞生为正弦波逆变器的发展创造了条件，到了 20 世纪 70 年代，可关断晶闸管（GTO）、电力晶体管（BJT）的问世使得逆变技术得到了发展应用。到了 20 世纪 80 年代，功率场效应管（MOSFET）、绝缘栅极晶体管（IGBT）、MOS 控制晶闸管（MCT）以及静电感应功率器件的诞生为逆变器向大容量方向发展奠定了基础，因此电力电子器件的发展为逆变技术高频化，大容量化创造了条件。进入 80 年代后，逆变技术从应用低速器件、低开关频率逐渐向采用高速器件，提高开关频率方向发展。逆变器的体积进一步减小，逆变效率进一步提高，正弦波逆变器的品质指标也得到了很大提高。

另一方面，微电子技术的发展为逆变技术的实用化创造了平台，传统的逆变技术需要通过许多的分立元件或模拟集成电路加以完成，随着逆变技术复杂程度的增加，所需处理的信息量越来越大，而微处理器的诞生正好满足了逆变技术的发展要求，从 8 位的带有 PWM 口的微处理器到 16 位单片机，发展到今天的 32 位 DSP 器件，使先进的控制技术如矢量控制技术、多电平变换技术、重复控制、模糊逻辑控制等在逆变领域得到了较好的应用。

总之，逆变技术的发展是随着电力电子技术、微电子技术和现代控制理论的发展而发展，进入 21 世纪，逆变技术正向着频率更高、功率更大、效率更高、体积更小的方向发展。

### 1. PWM 软开关技术

PWM 软开关逆变技术是当今电力电子学领域最活跃的研究内容之一，是实现电力电子技术高频化的最佳途径，也是一项理论性很强的研究工作。它的研究对于逆变器性能的提高和进一步推广应用，以及对电力电子学技术的发展，都有十分重要的意义，是当前逆变器的发展方向之一。但这里必须指出，软开关并不是没有损耗的，它只是把开关器件本身的一部分开关损耗转移到了为实现软开关而附加的谐振电路中的谐振元件上，总量上可能有所减少。软开关逆变技术研究的重要目的之一是，实现 PWNJ 软开关技术，也就是将软开关技术引进到 PWM 逆变器中，使它既能保持原来的优点，又能实现软开关工作。为此，必须把 LC 与开关器件组成一个谐振网络，使 PWM 逆变器只有在开关切换过程中产生谐振，实现开关的零电压开通和关断，一般工作情况下则不发生谐振，以保持 PWM 逆变器的工作特点。

### 2. 多电平技术

上述 PWM 高频软开关逆变技术产生的背景是为了提高传统逆变器的输出波形质量，该技术的缺点是具有较高的 du/dt、di/dt 以及由此引起的较高的开关引力和较严重的电磁干扰（EMI）。在相同的背景下，D.A.Nabae 等针对大功率逆变器开关器件速度低的缺点，于 1981 年提出了多电平逆变技术，成为当前高压大功率逆变器的一个发展方向。与 PWM 高频软开关逆变技术的思路相反，多电平逆变技术的出发点是通过对主电路拓扑结构的改进，使所有逆变开关都工作在基频或低频，以达到减小开关应力和改善输出电压或电流波形的目的。

### 3. 并联技术

电源系统的发展方向之一是用分布式电源系统代替集中式电源供电系统。和集中式电源系统相比，分布式电源具有以下优点：提高系统的灵活性，可将模块的开关频率提高到兆赫级，从而提高了模块的功率密度，使电源系统的体积、重量下降；各个模块的功率半导体的电流应力减小，提高了系统的可靠性；分布系统可方便地实现冗余；减少产品种类，便于标准化。

### 4. 低谐波、高精度输出技术

开关电源技术近年来发展迅速，对低谐波、高精密电源的需求也越来越多，高精度、低谐波电源对保护用电设备、减小对电网的污染等方面都具有很大的作用。

### 5. 数字化控制

电力电子变换器的数字控制是电力电子发展的趋势，也是现代逆变技术发展的趋势，目前国内期刊和国际会议已有很多的文献报道。虽然数字控制极大地简化了硬件电路，提高了系统的稳定性、可靠性和控制精度，但数控变换器在实际使用中还存在许多亟待解决的问题，例如变换器开关动作对采样的严重干扰；检测的量化误差导致控制精度显著下降；高速运行下数字化脉宽调制时间分辨率的下降；开关功率变换器数字化的数学模型研究不够深入等。在很多实际应用的场合，往往采用模拟控制和数字界面。

程控电源的应用场合极其广泛，在现代通讯、仪器仪表、计算机、医疗仪器、工业自动化、电力工程等领域得到普遍使用。许多高新技术需要高质量、高效率、高可靠性、高精度的电源，不仅对电源的电压、电流、频率、相位和波形提出了高要求，还要求能够对这些参数进行实时监测和精确的控制，尤其在医疗、仪表、自动测试、校验用交流测试行业更是广泛要求有高精度的三相电源。各种交流电流表、分流器等标准仪器出厂前需要校验，通常要求准确而又稳定的交流电源来提供测试。程控交流电源主要有主功率回路、检测电路、波形发生电路、通讯接口、人机界面、结果输出打印等。通过与计算机组合，形成既可手动也可自动测试，使用方便灵活。图 4-3 是目前程控电源的结构功能框图。

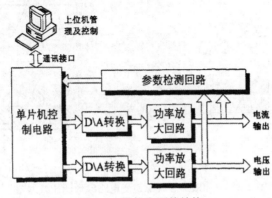

图 4-3　程控电源的结构

#### 四、逆变的基本概念

逆变电路是把直流电能变换成交流电的电路。按照负载性质的不同，逆变分为有源逆变和无源逆变。当可控整流电路工作在逆变状态时，如果把该电路的交流侧接到交流电源上，把直流电逆变成与交流电源同频率的交流电返送到电网上去，则称作有源逆变。如果可控整流电路的交流侧不与电网联接，而直接接到无源负载，则称为无源逆变或变频。

在光伏发电技术中，如果是离网发电，则需要进行无源逆变，将太阳能电池板发出的直流电能转变成负载所需要的电压和频率的交流电能，直接供给负载使用；如果是并网发电，则需要进行有源逆变,将太阳能电池板发出的直流电能转变成与电网的电压和频率相适应的交流电能，送到电网中去。

#### 五、有源逆变

1. 单相双半波有源逆变电路
（1）电路结构
单相双半波有源逆变电路原理图和波形图如图 4-4 所示。

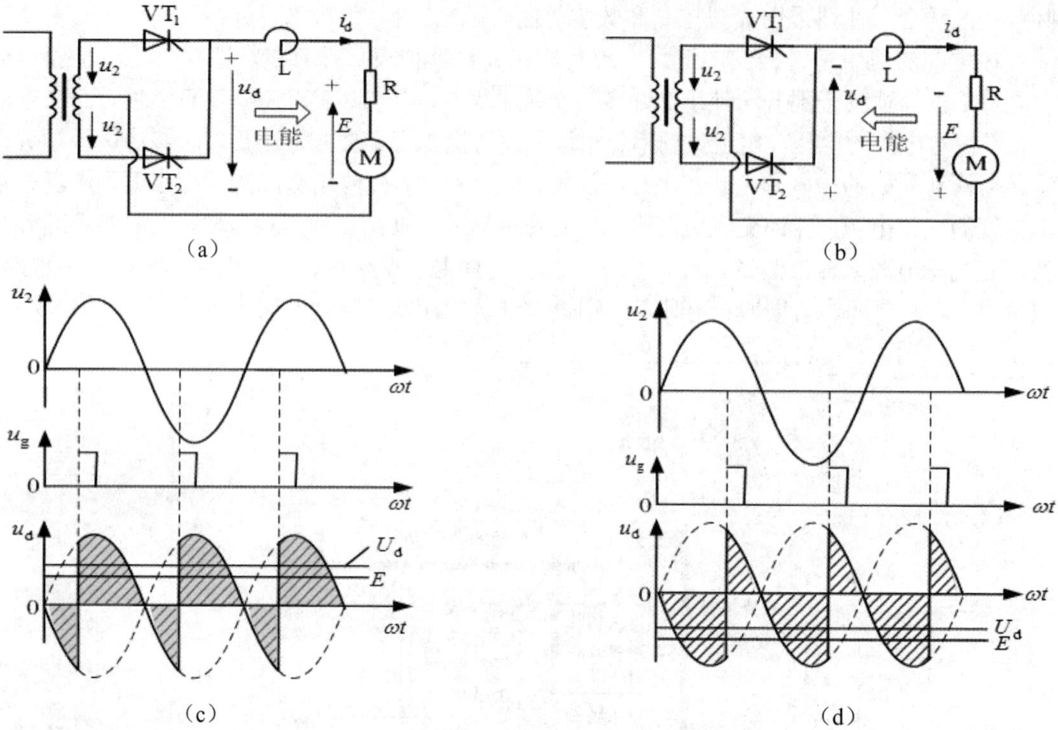

图 4-4　单相双半波有源逆变电路原理图和波形图

（2）工作原理

1）整流状态（0≤α<90°）

当 α 等于零时，输出电压瞬时值 $u_d$ 在整个周期内全部为正；当 90°>α>0 时，$U_d$ 在整个周期内有正有负，但正面积总是大于负面积，故平均值 $U_d$ 为正值，其极性是上正下负，如图 4-4（a）。通常 $U_d$ 略大于 E，此时电流 $i_d$ 从 $u_d$ 的正端流出，从 E 的正端流进。电机 M 吸收电能，作电动运行，电路把从交流电网吸收的电能转变成直流电能输送给电动机，电路工作在整流状态，电机 M 工作在电动状态。

2）逆变状态（90°<α≤180°）

逆变是将电机吸收的直流电能转变成交流反馈回电网。

由于晶闸管的单向导电性，负载电流 $I_d$ 不能改变方向，只有将 E 反向，即电机作发电运行才能回馈电能；为避免 $U_d$ 与 E 顺接，此时将 $U_d$ 的极性也反过来，如图 4-4（b）所示。要使 $U_d$ 反向，α 应该大于 90°。

当 α 在 90°<α≤180°间变动时，输出电压瞬时值 $u_d$ 在整个周期内有正有负，但负面积大于正面积，故平均值 $U_d$ 为负值，见图 4-4（b）所示。此时 E 略大于 $U_d$，电流 $I_d$ 的流向是从 E 的正端流出，从 $U_d$ 的正端流入，逆变电路吸收从电机反送来的直流电能，并将其转变成交流电能反馈回电网，这就是该电路的有源逆变状态。

要使整流电路工作在逆变状态，必须满足两个条件：

①变流器的输出 $U_d$ 能够改变极性（内部条件）。由于晶闸管的单向导电性，电流 $I_d$ 不能改变方向，为实现有源逆变，必须改变 $U_d$ 的极性。即使变流器的控制角 $\alpha>90°$即可。

②须有外接的提供直流电能的电源 E。E 也要能改变极性，且有$|E|>|U_d|$（外部条件）。

3）逆变角 $\beta$

逆变状态时的控制角称为逆变角 $\beta$，规定以 $\alpha=\pi$ 处作为计量 $\beta$ 角的起点，大小由计量起点向左计算。满足如下关系：

$$\beta = \pi - \alpha \tag{4-1}$$

2. 逆变失败与最小逆变角的限制

（1）逆变失败

可控整流电路运行在逆变状态时，一旦发生换相失败，电路又重新工作在整流状态，外接的直流电源就会通过晶闸管电路形成短路，使变流器的输出平均电压 $U_d$ 和直流电动势 E 变成顺向串联，由于变流电路的内阻很小，将出现很大的短路电流流过晶闸管和负载，这种情况称为逆变失败，或称为逆变颠覆。

造成逆变失败的原因：

1）触发电路工作不可靠。不能适时、准确地给各晶闸管分配触发脉冲，如脉冲丢失、脉冲延时等。

2）晶闸管发生故障。器件失去阻断能力，或器件不能导通。

3）交流电源异常。在逆变工作时，电源发生缺相或突然消失而造成逆变失败。

4）换相裕量角不足，引起换相失败。应考虑变压器漏抗引起的换相重叠角、晶闸管关断时间等因素的影响。

为了防止换相失败，要求逆变电路有可靠的触发电路，选用可靠的晶闸管元件，设置快速的电流保护环节，同时还应对逆变角进行严格的限制。

（2）最小逆变角 $\beta$ 确定的方法

最小逆变角 $\beta$ 的大小要考虑以下因素：

1）换相重叠角 $\gamma$。此值与电路形式、工作电流大小、触发角大小有关。即

$$\cos\alpha - \cos(\alpha+\gamma) = \frac{I_d X_B}{\sqrt{2}U_2 \sin\frac{\pi}{m}} \tag{4-2}$$

式中，$m$ 为一个周期内的波头数（换相次数），在三相半波电路中 $m=3$，对于三相桥式全控电路 $m=6$；$U_2$ 为变压器二次相电压有效值，对于三相桥式全控电路，$U_2$ 应以线电压的有效值代入计算。

根据 $\alpha=\pi-\beta$，设 $\beta=\gamma$，则：

$$\cos\gamma = 1 - \frac{I_d X_B}{\sqrt{2}U_2 \sin\frac{\pi}{m}} \tag{4-3}$$

γ 约为 15°～20°电角度。

2）晶闸管关断时间 $t_q$ 所对应的电角度 δ。折算后的电角度约 4°～5°。

3）安全裕量角 θ'。考虑到脉冲调整时不对称、电网波动、畸变与温度等影响，还必须留一个安全裕量角，一般取 θ' 为 10°左右。

综上所述，最小逆变角为：

$$\beta_{min} = \delta + \gamma + \theta' \approx 30° \sim 35° \tag{4-4}$$

为了可靠防止 β 进入 $\beta_{min}$ 区内，在要求较高的场合，可在触发电路中加一套保护线路，使 β 在减小时不能进入 $\beta_{min}$ 区内，或在 $\beta_{min}$ 处设置产生附加安全脉冲的装置，万一当工作脉冲进入 $\beta_{min}$ 区内时，由安全脉冲在 $\beta_{min}$ 处触发晶闸管，防止逆变失败。

3. 有源逆变的应用 —— 两组晶闸管反并联时电动机的可逆运行

图 4-5 为两组晶闸管反并联电路的框图。设 P 为正组，N 为反组，电路有四种工作状态。

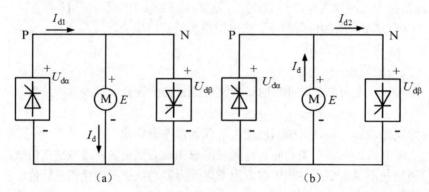

图 4-5 两组晶闸管反并联电路

（1）正组整流

图 4-5（a）为正组整流工作状态。设 P 在控制角 α 作用下输出整流电压 $U_{d\alpha}$，加于电动机 M 使其正转。当 P 组处于整流工作状态时，反组 N 不能也工作在整流状态，否则会使电流 $I_{d1}$ 不经过负载 M，而只在两组晶闸管之间流通，这种电流称为环流，实质上是两组晶闸管电源之间的短路电流。因此，当正组整流时，反组应关断或处于待逆变状态。所谓待逆变，就是 N 组由逆变角 β 控制处于逆变状态但无逆变电流。要做到这一点，可使 $U_{d\beta} \geqslant U_{d\alpha}$。这样，正组 P 的平均电流供电动机正转，反组 N 处于待逆变状态。由于 $U_{d\beta} \geqslant U_{d\alpha}$，故没有平均电流流过反组，不产生真正的逆变。

（2）反组逆变

当要求正向制动时，流过电动机 M 的电流 $I_d$ 必须反向才能得到制动力矩，由于晶闸管的单向导电性，这只有利用反组 N 的逆变。为此，只要降低 $U_{d\beta}$ 且使 $E > U_{d\beta}(= U_{d\alpha})$，则 N 组产生逆变，流过电流 $I_{d2}$，电机电流 $I_d$ 反向，反组有源逆变将电势能 E 通过反组 N 送回电网，实现回馈制动。

（3）反组整流

N 组整流，使电动机反转，其过程与正组整流类似。

（4）正组逆变

P 组逆变，产生反向制动转矩，其过程与组反逆变类似。

在该可逆系统中，正组作为整流供电，反组提供有源逆变制动。正转时可以利用反组晶闸管实现回馈制动，反转时可以利用正组晶闸管实现回馈制动，正反转和制动的装置合而为一。

## 六、无源逆变

将直流电能变换成交流电能供给无源负载的过程称为无源逆变。如果用于逆变的直流电能是由电网提供的交流电整流得来的，就把"将电网提供的恒压恒频 CVCF（Constant Voltage Constant Frequency）交流电变换为变压变频 VVVF（Variable Voltage Variable Frequency）交流电供给负载"的过程称为变频，实现变频的装置叫变频器。本节主要介绍由蓄电池等直流电源提供的直流电能进行的逆变。

蓄电池输出的直流电压一般比较低，所以，要经过相应的变换，把较低的直流电压变为较高的直流电压，然后再进行逆变。为满足不同需要，无源逆变电路种类很多，最常见的有单相半桥逆变电路、单相全桥逆变电路、三相全桥逆变电路，而这些电路又各有电压型和电流型两种形式。

电压型逆变电路直流侧并联大电容滤波，电压波形比较平直，相当于一个内阻抗为零的恒压源；电流型逆变电路直流侧串联大电感滤波，电流波形比较平直，因而电源内阻抗很大，对负载来说基本上是一个恒流源。

1. 电压型逆变电路

（1）单相电压型逆变电路

1）半桥逆变电路

电压型半桥逆变电路原理如图 4-6（a）所示、它有两个桥臂，每个桥臂由一个可控器件和一个反并联二极管组成。在直流侧接有两个相互串联的足够大的电容，两个电容的连接点为直流电源的中点。负载连接在直流电源中点和两个桥臂连接点之间。

设开关器件 $V_1$ 和 $V_2$ 的栅极信号在一个周期内各有半周正偏，半周反偏，且二者互补。当负载为感性时，其工作波形如图 4-6（b）所示。输出电压 $u_o$ 为矩形波，其幅值为 $U_m = U_d/2$。输出电流 $i_o$ 波形随负载情况而异。没 $t_2$ 时刻以前 $V_1$ 为通态、$V_2$ 为断态。$t_2$ 时刻给 $V_1$ 关断信号，给 $V_2$ 开通信号，则 $V_1$ 关断，但感性负载中的电流 $i_o$ 不能立即改变方向，于是 $VD_2$ 导通续流。当 $t_3$ 时刻 $i_o$ 降为零时，$VD_2$ 截止，$V_2$ 开通，$i_o$ 开始反向。同样，$t_4$ 时刻给 $V_2$ 关断信号，给 $V_1$ 开通信号后，$V_2$ 关断，$VD_1$ 先导通续流，$t_5$ 时刻 $V_1$ 才导通。

当 $V_1$ 或 $V_2$ 为通态时，负载电流和电压同方向，直流侧向负载提供能量；当 $VD_1$ 或 $VD_2$ 为通态时，负载电流和电压反向，负载电感中储藏的能量向直流侧反馈，即负载电感将其吸收的无功能量反馈回直流侧。反馈回的能量暂时储存在直流侧电容器中，直流侧电容器起着缓冲这种无功能量的作用。二极管 VD$_1$ 和 VD$_2$ 有两个作用：一是提供负载向直流侧反馈能量的通道；二是使负载电流连续。所以既是反馈二极管，又是续流二极管。

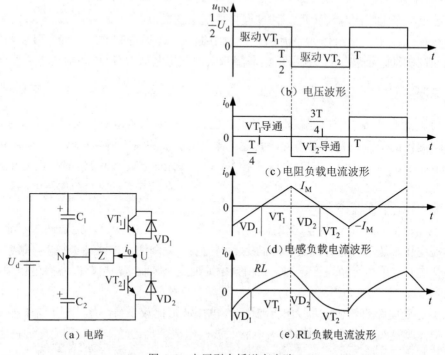

图 4-6　电压型个桥逆变电路

当可控器件是不具有门极可关断能力的晶闸管时，必须附加强迫换流电路才能正常工作。为了防止上、下桥臂的可控元件同时导通导致直流侧电源的短路，要先给需关断的器件送出关断信号，然后再给应导通的器件发出开通信号，就是要在两者之间留一个死区时间。死区时间的长短要视器件的开关速度而定，器件的开关速度越快，所留的死区别间就可以越短。

半桥逆变电路的优点是电路简单，使用器件少。缺点是电源的利用率低，输出交流电压的幅值 $U_o$ 仅为 $U_d/2$，且直流侧需要两个电容器串联分压，工作时还要控制两个电容器电压的均衡。因此，半桥电路常用于几 kW 以下的小功率逆变电源。

单相全桥逆变电路、三相桥式逆变电路都可以看成由多个半桥逆变电路组合而成的。同样，单相全桥逆变电路、三相桥式逆变电路也必须遵守"先断后通"的原则。

2）全桥逆变电路

全桥逆变电路是单相逆变电路中应用最多的。电压型全桥逆变电路的原理图如图 4-7 所示，它共有 4 个桥臂，可以看成由两个半桥电路组合而成。把桥臂 V$_1$ 和 V$_4$ 作为一对，桥臂 V$_2$ 和 V$_3$ 作为另一对，成对的两个桥臂同时导通，两对交替导通180°。其输出电压波形如图 4-8 所示，与半桥电路的波形形状相同，也是矩形波，但其幅值高出 1 倍，$U_o=U_d$。在直流电压和负载都相同的情况下，其输出电流的波形与半桥电路输出电流波形形状相同，仅幅值增加 1 倍。

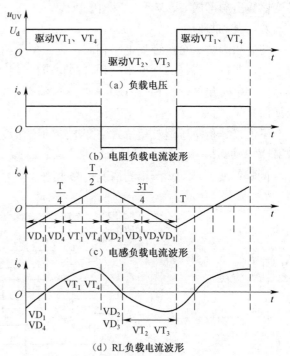

图 4-7　电压型全桥逆变电路原理图　　　　　图 4-8　电压型全桥逆变电路波形图

单相全桥逆变电路输出电压基波分量的幅值 $U_{o1m}$ 和基波有效值 $U_{o1}$ 分别为：

$$U_{olm} = \frac{4U_d}{\pi} = 1.27U_d \qquad (4\text{-}5)$$

$$U_{olm} = \frac{2\sqrt{2}U_d}{\pi} = 0.9U_d \qquad (4\text{-}6)$$

（2）三相电压型逆变电路

1）基本电路

图 4-9 所示为电压型三相桥式逆变电路，电路由三个半桥电路构成。为了分析方便，电路中的电容器画成两个，并有一个假想的中性点 N′，在实际中可用一个。由于输入端施加的是直流电压源、IGBT $V_1 \sim V_6$ 始终保持正向偏置，$VD_1 \sim VD_6$ 是与 $V_1 \sim V_6$ 反并联的二极管，其作用是为感性负载提供续流回路。同一半桥，上下两个桥臂以 180° 为间隔交替

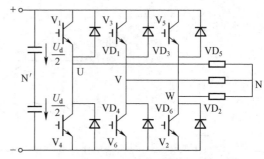

图 4-9　电压型三相桥式逆变电路原理图

开通和关断。$V_1 \sim V_6$ 以 60°的间隔依次导通和关断，所以任一瞬间将有三个桥臂同时导通，在逆变器输出端形成 U、V、W 三相电压。

2）工作原理

与单相半桥、全桥逆变电路相同，电压型三相桥式逆变电路的基本工作方式也是 180°导电方式，即每个桥臂的导电角度为 180°，同一相（同一半桥）上、下两个桥臂交替导电，各相开始导电的角度依次相差 120°。每次换流都是在同一相上下两个桥臂之间进行，也称为纵向换流。

下面来分折电压型三相桥式逆变电路的工作波形。如图 4-10 所示，对于 U 相输出来说当桥臂 $V_1$ 导通时，$u_{UN'} = U_d/2$，当桥臂 $V_4$ 导通时，$u_{UN'} = -U_d/2$。因此，$u_{UN'}$ 的波形是幅值为 $U_d/2$ 的矩形波。V、W 两相的情况和 U 相类似，输出电压波形和 U 相相同，只是相位依次相差 120°。

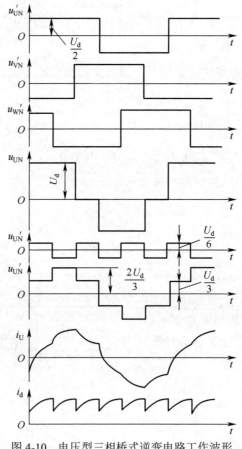

图 4-10   电压型三相桥式逆变电路工作波形

负载参数已知时，可以由 $u_{UN}$ 的波形求出 U 相电流 $i_C$ 的波形。桥臂 $V_1$ 和桥臂 $V_4$ 之间的换流过程和半桥电路相似。上桥臂中的 $V_1$ 从通态转换到断态时，因负载电感中的电流不能突变下桥臂中的 $VD_4$ 先导通续流，待负载电流降到零，桥臂中电流反向时，$V_4$ 才开始导通。负载阻抗角越大，$VD_4$ 导通时间就越长。$i_U$ 的上升段（桥臂 $V_1$ 导电的区间），其中 $i_U<0$ 时 $VD_4$ 导通，$i_U>0$ 时为 $V_1$ 导通；$i_U$ 的下降段（桥臂 $V_4$ 导电的区间），其中 $i_U>0$ 时为 $V_4$ 导通，$i_U<0$ 时 $VD_4$ 导通。

$i_V$、$i_W$ 的波形和 $i_U$ 形状相同，相位依次相差 120°。把流过桥臂 $V_1$、$V_3$、$V_5$ 的电流加起来，就可得到直流侧电流 $i_d$ 的波形，$i_d$ 每隔 60° 脉动一次，而直流侧电压是基本无脉动的，因此，逆变器从交流侧向直流侧传递的功率是脉动的，且脉动情况和 $i_d$ 脉动情况大体相同。这也是电压型逆变电路的一个特点。

输出线电压有效值 $U_{UV}$ 为

$$U_{UV}=0.816U_d \tag{4-7}$$

其中基波幅值 $U_{UV1m}$ 和基波有效值 $U_{UV1}$ 分别为

$$U_{UV1m}=1.1U_d \tag{4-8}$$

$$U_{UV1}=0.78U_d \tag{4-9}$$

负载相电压有效值 $U_{UN}$ 为

$$U_{UN}=0.471U_d \tag{4-10}$$

其中基波幅值 $U_{UN1m}$ 和基波有效值 $U_{UN1}$ 分别为

$$U_{UN1m}=0.637U_d \tag{4-11}$$

$$U_{UN1}=0.45U_d \tag{4-12}$$

## 2. 电流型逆变电路

电流型逆变电路（也称逆变器）采用电感作储能元件，使直流电源近似为恒流源。电流型逆变器是在电压型逆变器之后发展起来的。在变频调速系统中最初采用的是电压型逆变器，但随着晶闸管耐压水平的提高和变频调速系统的发展，电流型逆变器获得了更为广泛的应用。电流型电路比较简单，用于交流电动机调速时可以不附加其他电路而实现再生制动，发生短路时的危险较小，对晶闸管关断要求不高，适用于对动态要求高，调速范围较大的场合，特别是在经常启、制动和正、反转控制系统中，它具有更为突出的优点。

（1）单相桥式电流型逆变电路

单相桥式电流型逆变电路原理图如图 4-11 所示。它由四个桥臂构成，每个桥臂的晶闸管各串联一个电抗器 LT。LT 用来限制晶闸管开通时的 $\mathrm{d}i/\mathrm{d}t$，各桥臂的 LT 之间不存在互感。使桥臂中 $VT_1$、$VT_4$、$VT_2$、$VT_3$ 以 1000Hz 的中频轮流导通，在负载上得到中频交流电。

该电路是采用负载换流方式工作的，要求负载电流略超前于负载电压、即负载略呈容性。实际负载一般是电流感应线圈，用来加热置于线圈线内的钢料。图 4-11（a）中 R 和 L 串联即为感应线圈的等效电路。因为功率因数很低，故并联补偿电容器 C。电容 C 和 L、R 构成并联谐振电路，故这种逆变电路也称为并联谐振式逆型电路。

因为是电流型逆变电路，如果忽略换流过程，其交流输出电流波形接近矩形被，如图 4-11

（b）所示。其中包含基波和各奇次谐波，且谐波幅值远小于基波。因基波频率接近负载电路谐振频率，故负载电路对基波呈现高阻抗，而对谐波呈现低阻抗，谐波在负载电路上产生的电压降很小，因此负载电压的波形接近正弦波。

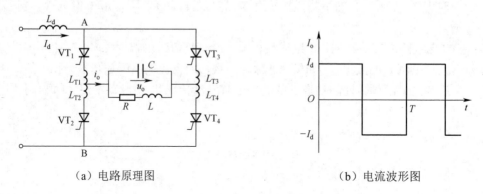

（a）电路原理图　　　　　　　　　（b）电流波形图

图 4-11　单相桥式电流型逆变电路原理图

输出电流基波电流有效值 $I_{o1}$ 为：

$$I_{o1} = \frac{4I_d}{\sqrt{2}\pi} = 0.9I_d \tag{4-13}$$

负载电压有效值 $U_o$ 和直流电压 $U_d$ 的关系为：

$$U_o = 1.11\frac{U_d}{\cos\varphi} \tag{4-14}$$

负载参数不变，逆变电路的工作频率也是不变的，这种固定工作频率的控制方式称为他励方式。实际上在中频加热和钢料熔化过程中，感应线圈的参数是随时间而变化的，固定的工作频率无法保证晶闸管的反压时间大于关断时间，可能导致逆变失败。为了保证电路正常工作，必须使工作频率能适应负载的变化而自动调整。这种控制方式成为自励方式，即逆变电路的触发信号取自负载端，其工作频率受负载谐振频率的控制而比后者高一个适当的值。采用自励方式在刚启动瞬间，即系统还未投入运行时，负载端没有输出，无法取触发信号。解决这一问题通常采取两种办法：一是附加预充电的启动电路，启动时把事先储存的电容能量释放到负载上，形成衰减振荡，检测出振荡信号实现自励；二是用他励转成自励，即启动时先采用他励方式，等开始正常工作时再转为自励方式。

（2）三相桥式电流型逆变电路

开关器件采用 IGBT 的三相桥式电流型逆变电路原理图如图 4-12（a）所示，电流型三相桥式逆变电路的基本工作方式是 120°导通方式，每个 IGBT 导通角为 120°，$V_1\sim V_6$ 依次间隔60°导通。任何时候只有两个桥臂导通，不会发生同一桥臂两器件直通现象。换流时，在上桥臂组或下桥臂组内依次换流，每个时刻上下桥臂组各有一个桥臂导通，换流方式为横向换流。电流型三相桥式逆变电路的输出电流波形如图 4-12（b）所示。

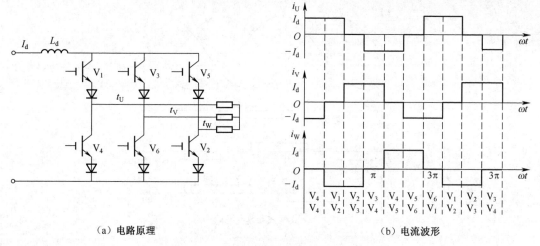

（a）电路原理　　　　　　　　　　　　　　（b）电流波形

图 4-12　三相桥式电流型逆变电路原理图

　　采用晶闸管作为开关器件的电流型三相桥式逆变器还可以驱动同步电动机，利用滞后于电流相位的反电动势可以实现换流。因为同步电动机是逆变器的负载，因此这种换流方式也属于负载换流。

　　用逆变器驱动同步电动机时，其工作特性和调速方式都和直流电动机相似，但没有换向器，因此被称为无换向器电动机。

　　无换向器电动机的基本电路如图 4-13 所示，它由三相可控整流电路为逆变电路提供直流电源。逆变电路采用 120° 导电方式，利用电动机反电动势实现换流。例如从 $VT_1$ 向 $VT_3$ 换流时，因 V 相电压高于 U 相，$VT_3$ 导通时 $VT_1$ 就被关断，这和有源逆变电路的工作情况十分相似。图 4-13（a）中 BQ 是转子位置检测器，用来检测磁极位置以决定什么时候给哪个晶闸管发出触发脉冲。无换向器电动机电动状态下电路的工作波形如图 4-13（b）所示。

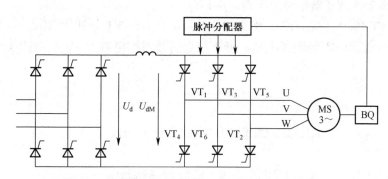

图 4-13　无换向器电动机的基本电路和工作波形

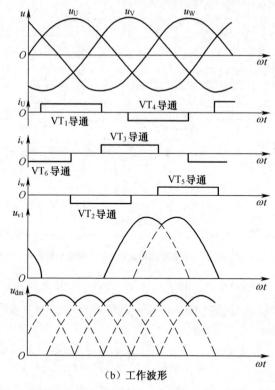

（b）工作波形

图 4-13　无换向器电动机的基本电路和工作波形（续图）

## 【知识拓展】简易小功率方波逆变器设计

### 一、方波的产生

简易小功率方波逆变器电路原理如图 4-14 所示

这里采用 CD4069 构成方波信号发生器。图 4-15 中，R1 是补偿电阻，用于改善由于电源电压的变化而引起的震荡频率不稳。电路的震荡是通过电容 C1 充放电完成的。其振荡频率为：

$$f=1/2.2RC \tag{4-15}$$

图示电路的最大频率为：

$$f_{max}=1/2.2*2.2*103*2.2\text{x}10\text{-}6=93.9\text{Hz}$$

最小频率为：

$$f_{min}=1/2.2*4.2*10^3*2.2*10^{-6}=49.2\text{Hz}$$

由于元件的误差，实际值会略有差异。其他多余的反相器，输入端接地避免影响其他电路。

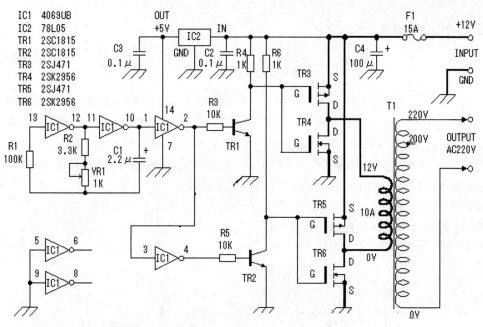

图 4-14　简易小功率方波逆变器电路原理

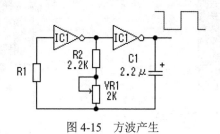

图 4-15　方波产生

## 二、场效应管驱动电路

由于方波信号发生器输出的振荡信号电压最大振幅为 0～5V，为充分驱动电源开关电路，这里用 TR1、TR2 将振荡信号电压放大至 0～12V。驱动电路如图 4-16 所示。

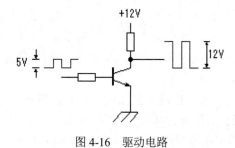

图 4-16　驱动电路

### 三、场效应管电源开关电路

场效应管是该装置的核心，在介绍该部分工作原理之前，先简单解释一下 MOS 场效应管的工作原理。

MOS 场效应管也被称为 MOSFET，即 Metal Oxide Semiconductor Field Effect Transistor（金属氧化物半导体场效应管）的缩写。它一般有耗尽型和增强型两种。本文使用的是增强型 MOS 场效应管，其内部结构见图 4-17。它可分为 NPN 型和 PNP 型。NPN 型通常称为 N 沟道型，PNP 型通常称 P 沟道型。由图可看出，对于 N 沟道型的场效应管，其源极和漏极接在 N 型半导体上，同样对于 P 沟道的场效应管，其源极和漏极则接在 P 型半导体上。我们知道一般三极管是由输入的电流控制输出的电流。但对于场效应管，其输出电流由输入的电压（或称场电压）控制，可以认为输入电流极小或没有输入电流，这使得该器件有很高的输入阻抗，同时这也是我们称之为场效应管的原因。

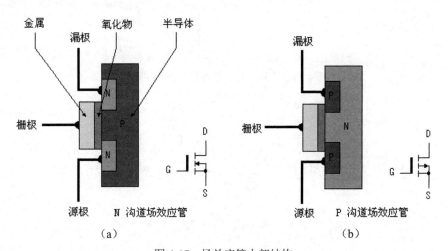

图 4-17 场效应管内部结构

为解释 MOS 场效应管的工作原理，我们先了解一下仅含一个 PN 结的二极管的工作过程。如图 4-18 所示，我们知道在二极管加上正向电压（P 端接正极，N 端接负极）时，二极管导通，其 PN 结有电流通过。这是因在 P 型半导体端为正电压时，N 型半导体内的负电子被吸引而涌向加有正电压的 P 型半导体端，而 P 型半导体端内的正电子则朝 N 型半导体端运动，从而形成导通电流。同理，当二极管加上反向电压（P 端接负极，N 端接正极时，这时在 P 型半导体端为负电压，正电子被聚集在 P 型半导体端，负电子则聚集在 N 型半导体端，电子不移动，其 PN 结没有电流流过，二极管截止。

对于场效应管（图 4-19），在栅极没有电压时，有前面的分析可知，在源极与漏极之间不会有电流流过，此时场效应管处于截止状态（图 4-19（a））。当有一个正电压加在 N 沟道的 MOS 场效应管栅极上时，由于电场的作用，此时 N 型半导体的源极和漏极的负电子被吸引出来而涌向栅极，但由于氧化膜的阻挡，使得电子聚集在两个 N 沟道之间的 P 型半导体中（见图 4-19（b）），从而形成电流，使源极和漏极之间导通。我们也可以想象为两个 N 型半导体之间为一条沟，栅极电压的建立相当于为他们之间搭了一座桥梁，该桥梁的大小由栅压决定。图 4-20 给出了 P 沟道场效应管的工作过程，其工作原理类似这里就不再重复了。

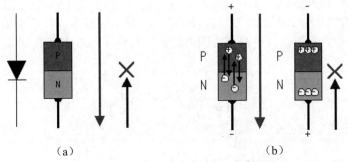

图 4-18　二极管的工作过程

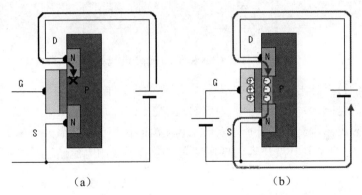

图 4-19　N 沟道场效应管的工作过程

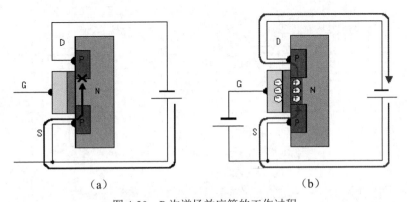

图 4-20　P 沟道场效应管的工作过程

下面简述一下用 CMOS 场效应管（增强型 MOS 场效应管）组成的应用电路的工作过程

（见图 4-21）。电路将一个增强型 P 沟道 MOS 场效应管和一个增强型 N 沟道 MOS 场效应管组合在一起使用。当输入端为低电平时，P 沟道 MOS 场效应管导通，输出端与电源正极接通。当输入端为高电平时，N 沟道 MOS 场效应管导通，输出端与电源地接通。在该电路中，P 沟道 MOS 场效应管和 N 沟道场效应管总是在相反的状态下工作，其相位输入端和输出端相反。通过这种工作方式我们可以获得较大的电流输出。同时由于漏电流的影响，使得栅压在还没有到 0V，通常在栅极电压小于 1V 到 2V 时，MOS 场效应管即被关断。不同场效应管关断电压略有不同。也以为如此，使得该电路不会因为两管同时导通而造成电源短路。

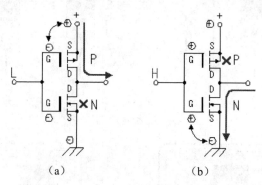

（a）              （b）

图 4-21　CMOS 场效应管工作过程

以上分析我们可以画出原理图中 MOS 场效应管部分的工作过程（见图 4-22）。工作原理同前所述，这种低电压、大电流、频率为 50Hz 的交变信号通过变压器的低压绕组时，会在变压器的高压侧感应出高压交流电压，完成直流到交流的转换。这里需要注意的是，在某些情况下，如振荡部分停止工作时，变压器的低压侧有时会有很大的电流通过，所以该电路的保险丝不能省略或短接。

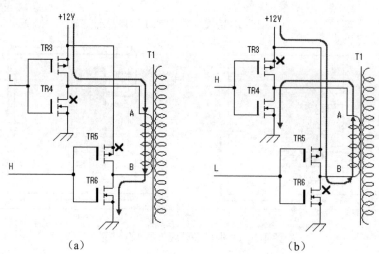

（a）              （b）

图 4-22　原理图中 MOS 场效应管部分的工作过程

电路板见图 4-23。所用元件可参考图 4-24。逆变器的变压器采用次级电压为 12V、电流为 10A、初级电压为 220V 的成品电源变压器。P 沟道 MOS 场效应管（2SJ471）最大漏极电流为 30A，在场效应管导通时，漏-源极间电阻为 25mΩ。此时如果通过 10A 电流时会有 2.5W 的功率消耗。N 沟道 MOS 场效应管（2SK2956）最大漏极电流为 50A，场效应管导通时，漏-源极间电阻为 7mΩ，此时如果通过 10A 电流时消耗的功率为 0.7W。由此我们也可

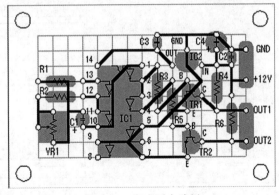

图 4-23　完成后电路板

知在同样的工作电流情况下，2SJ471 的发热量约为 2SK2956 的 4 倍。所以在考虑散热器时应注意这点。图 4-25 展示本文介绍的逆变器场效应管在散热器（100mm×100mm×17mm）上的位置分布和接法。尽管场效应管工作于开关状态时发热量不会很大，出于安全考虑这里选用的散热器稍偏大。

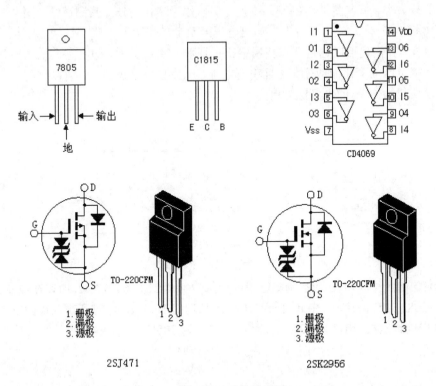

图 4-24　元件参考图

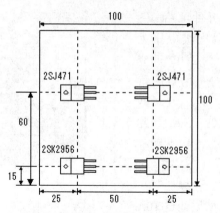

图 4-25　逆变器场效应管在散热器上的位置分布和接法

### 四、逆变器的性能测试

测试电路见图 4-26。这里测试用的输入电源采用内阻低、放电电流大（一般大于 100A）的 12V 汽车电瓶，可为电路提供充足的输入功率。测试用负载为普通的电灯泡。测试的方法是通过改变负载大小，并测量此时的输入电流、电压以及输出电压。其测试结果见电压、电流曲线关系图（图 4-27（a））。可以看出，输出电压随负荷的增大而下降，灯泡的消耗功率随电压的变化而改变。我们也可以通过计算找出输出电压和功率的关系。但实际上由于电灯泡的电阻会随加在两端电压的变化而改变，并且输出电压、电流也不是正弦波，所以这种计算只能看作是估算。以负载为 60W 的电灯泡为例：

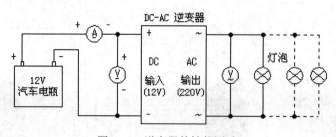

图 4-26　逆变器的性能测试

假设灯泡的电阻不随电压变化而改变。因为 $R_{灯}=V_2/W=210^2/60=735\Omega$，所以在电压为 208V 时，$W=V_2/R=208^2/735=58.9W$。由此可折算出电压和功率的关系。通过测试，我们发现当输出功率约为 100W 时，输入电流为 10A。此时输出电压为 200V。逆变器电源效率特性见图 4-27（b）。图 4-28 为不同负载时输出波形图。供大家制作时参考。

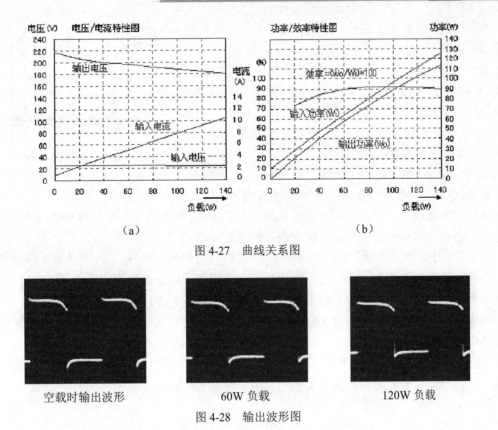

（a）　　　　　　　　　　　　　　（b）

图 4-27　曲线关系图

空载时输出波形　　　　　　60W 负载　　　　　　120W 负载

图 4-28　输出波形图

## 【任务实施】

### 一、实训目标

（1）了解逆变器的实际产品。

（2）了解单相逆变器电路及应用。

（3）掌握单相逆变器的制作调试及一般故障排除方法。

### 二、实训场所及器材

地点：应用电子技术实训室。

器材：焊台、常用仪表及装配工具。

### 三、实训步骤

**实例 1　简单逆变器的电路制作**

实训图 4-29 是一个简单逆变器的电路图。其特点是共集电极电路，可将三极管的集电极直接安装在机壳上，便于散热，不易损坏三极管。现介绍制作方法。

变压器的制作：可根据需要选用一个机床用的控制变压器。以 100W 的控制变压器为例。将变压器铁芯拆开，再将次级线圈拆下来。并记录下匝数。然后重新绕次级线圈。用 1.35mm 的漆包线，先绕一个 22V 的线圈，在中间抽头，这就是主线圈，再用 0.47 的漆包线绕两个 4V 的线圈为反馈线圈，线圈的层间用较厚的牛皮纸绝缘。线圈绕好后插上铁芯。将两个 4V 次级分别和主线圈连在一起，

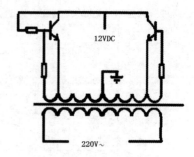

图 4-29　简单逆变器电路图

注意头尾不能接反了。可通电测电压。如果 4V 线圈和主线圈连接后电压增加说明连接正确，反之就是错误。可换一下接头，这样可成功做好变压器。

电阻的选择：两个与 4V 线圈串联的电阻可用电阻丝制作。可根据输出功率大小选择电阻的大小，一般为几个欧姆。输出功率越大时，电阻越小，偏流电阻用 1W 的 300 欧姆的电阻，不接这个电阻也能工作。但由于管子的参数不一致有时不起振，最好接一个。

三极管的选择：每边用三只 3DD15 并联，共用六只管子。电路连接好后检查无错误，就可以通电调整了。接上蓄电池，使用一个 100W 的白炽灯做负载。打开开关，灯泡应该能正常发光。如果不能正常发光，可减小基极的电阻，直到能正常发光为止。再接上家用电器看能否正常启动。不能正常启动也是减小基极的电阻。调整完毕后就可以正常使用了。

实例 2　30W 小功率逆变电源制作

简单的 30W 使用 IC CD4047 和 IRF540 MOSFET 的逆变器的电路实训图如图 4-30 所示。

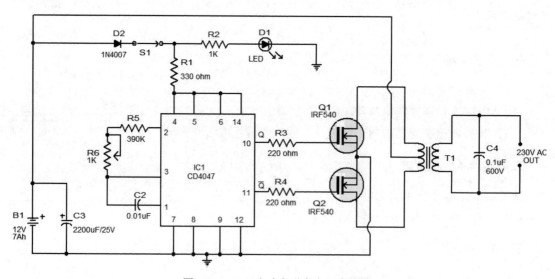

图 4-30　30W 小功率逆变电源电路图

CD4047 是一种低功耗的 CMOS 非稳态/单稳态多谐振荡器 IC。多谐振荡器振荡工作后，分别从 10 脚和 11 脚输出两个相位相反、幅度相等的低频振荡信号（频率为 50Hz），该信号经 Q1 和 Q2 功率放大（Q1 和 Q2 交替导通）后，在 T2 的二次绕组（次级绕组）两端产生交流 220 V 电压。调整 R6，可使多谐振荡器的工作频率为 50 Hz。

**实例 3　小功率逆变器制作**

逆变器外形图、原理图如实训图 4-31、图 4-32 所示，所用元件见表 4-1。

图 4-31　小功率逆变器外形图

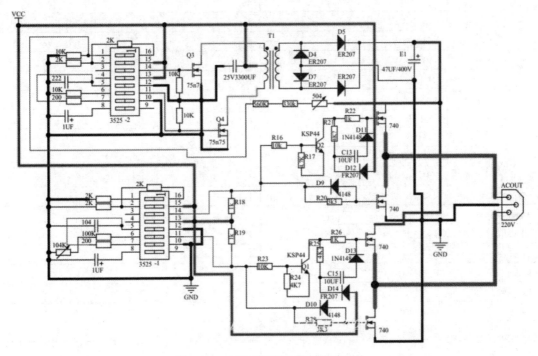

图 4-32　小功率逆变器的电路原理图

表 4-1　小功率逆变器元件清单

| 标号 | 名称 | 数量 | 备注 |
|---|---|---|---|
| 1.线路板 | 线路板 | 1 | H1490 |
| 2.散热片 | 散热片 55*37*15 | 1 | |
| 3.变压器 | 变压器 | 1 | EI35B |
| 4.电容 | 25V4700μF | 1 | 板子上标 25V3300μF |
| | 400V47μF | 1 | |
| | 50V1μF | 2 | |
| | 25V100μF | 2 | |
| | 25V10μF | 2 | |
| | 104 独石电容 | 1 | 板子上标 105 |
| | 222 独石电容 | 1 | |
| 5.电阻 | 10Ω 1/4W | 2 | |
| | 10k 1/4W | 4 | |
| | 560k 1/4W | 1 | |
| | 2k 1/4W | 5 | |
| | 200Ω 1/4W | 2 | |
| | 1k 1/4W | 4 | |
| | 3.3k 1/4W | 2 | |
| | 4.7k 1/4W | 4 | |
| | 330k 1/4W | 1 | |
| | 100k 1/4W | 1 | |
| | 0.68Ω | 1 | |
| 6.二极管 | FR207 | 7 | |
| | IN4148 | 4 | |
| 7.电位器 | 504 电位器 | 1 | |
| | 3296（104） | 1 | 板上标 104 |
| 8.三极管 | KSP44 | 1 | |
| 9.保险丝 | 5D-11 | 1 | NTC |
| 10.集成块 | KA3525 | 2 | |
| 11.针座 | 2 位 | 1 | 1 对 |
| 12.铁压片 | 10*30 | 1 | |
| 13.矽硅片 | 小片 | 2 | |
| 14.场管 | 840/740 | 4 | 随机发 |
| 15.螺丝 | 长螺丝 | 1 | |
| | 尖头螺丝 | 4 | |

### 四、任务考核方法

该任务采取单人逐项答辩式考核方法，针对制作实例教师对每个同学进行随机问答。

（1）逆变器的结构及类型。

（2）逆变器有哪些应用？

# 任务二　安装与调试光伏发电系统逆变器

## 【任务描述】

任务情境：WPV02 型风光互补实训系统逆变器的拆解与组装

对照全国职业院校技能大赛实训设备，熟悉 WPV02 型风光互补实训系统逆变器的结构，掌握 WPV02 型风光互补实训系统逆变器各部分的作用和原理，掌握该逆变器的安装和接线。逆变器各部分如图 4-33 所示。

（a）逆变器 DC-DC 升压板图

（b）逆变器全桥逆变板图

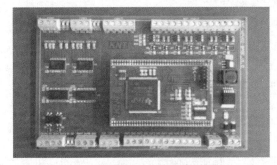
（c）逆变器 DSP 控制板图

图 4-33　风光互补实训系统逆变器

（d）逆变器安装后的效果图

图 4-33　风光互补实训系统逆变器（续图）

## 【相关知识】WPV02 型风光互补实训系统逆变器

### 一、WPV02 型风光互补实训系统逆变器概述

在 WPV02 型风光互补实训系统中，逆变器的工作过程是将蓄电池的 12V 的直流电通过 DC-DC 和 DC-AC 变换，然后转变成正弦波 220V/50Hz 的工频交流电。本逆变器有很多优点，升压部分由 SG3525 驱动两个升压 MOS 管，SG3525 脉宽调制控制器，不仅具有可调整的死区时间控制功能，而且还具有可编式软起动，脉冲控制封锁保护等功能。全桥逆变部分采用具有 DSP 性能的嵌入式微处理器 TMS320F2812 实现 SPWM 的调制，同时使用 TMS320F2812 的其他功能模块，实施对数据的采集、系统的保护、启动逻辑控制等。

### 二、DC-DC 升压器

#### 1. DC-DC 升压原理

DC-DC 升压电路，直流输出电压的平均值高于输入电压的变换电路称为升压变换电路，又叫 Boost 电路。原理图如图 4-34 所示。

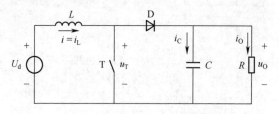

图 4-34　DC-DC 升压原理图

工作原理。$t_{on}$ 工作期间：二极管反偏截止，电感 L 储能，电容 C 给负载 R 提供能量。$t_{off}$ 工作期间：二极管 D 导通，电感 L 经二极管 D 给电容充电，并向负载 RL 提供能量。可得：

$$U_o = \frac{t_{on} + t_{off}}{t_{off}} U_d = \frac{T}{1-D} U_d \qquad （4\text{-}16）$$

式中占空比 $D = t_{on}/T_S$，当 D=0 时，$U_o = U_d$，但 D 不能为 1，因此 $0 \leq D < 1$ 的变化范围内 $U_o \geq U_{in}$。

在实际的升压板中，是使用开关变压器将 12V 直流变为高压的交流，然后进行整流得到 300V 的高压直流。

2. 逆变控制单元结构

逆变控制单元是由 DC-DC 升压板，全桥逆变板，核心板和接口底板组成的。用于对蓄电池 12V 直流电源的升压逆变。

（1）DC-DC 升压板

升压板的接线端示意图和 PCB 图如图 4-35 所示，DC-DC 升压单元接线端口如表 4-2 所示。

（a）DC-DC 升压单元端子示意图

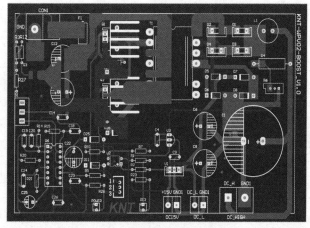

（b）DC-DC 升压 PCB 图

图 4-35　DC-DC 升压模块

表 4-2　DC-DC 升压电路接线端口

| 接线端 | 接线端端口 | 用途 | 标号 | 线型 |
|---|---|---|---|---|
| CON1 | BAT+ | 蓄电池输入 | +12V | 2.5mm² 红色 |
| | BAT- | | 0V | 2.5mm² 黑色 |
| DC15V | +15V | | | |
| | GDN1 | | | |
| DC_L | DC_L | 变压器副边输出直流低压 | DC_L | 0.5mm² 红色 |
| | GND1 | | GND1 | 0.5mm² 白色 |
| DC_HIGH | DC_H | 变压器副边高压输出 | DC_H | 0.75mm² 红色 |
| | GND1 | | GND1 | 0.75mm² 蓝色 |

（2）全桥逆变板

全桥逆变板的接线端示意图和 PCB 图如图 4-36 所示，全桥逆变单元接线端口如表 4-3 所示。

（3）接口底板

接口底板接线端示意图和 PCB 板示意图如图 4-37 所示，DSP 控制单元接线端口如表 4-4 所示。

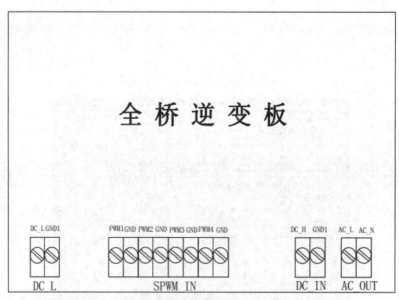

（a）全桥逆变单元端子示意图

图 4-36　全桥逆变模块

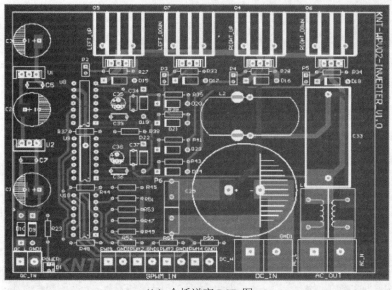

（b）全桥逆变 PCB 图

图 4-36　全桥逆变模块（续图）

表 4-3　全桥逆变电路接线端口

| 接线端 | 接线端端口 | 用途 | 标号 | 线型 |
|---|---|---|---|---|
| DC_L | DC_L | 蓄电池输入 | +12V | 0.5mm² 红色 |
| | GND1 | | 0V | 0.5mm² 白色 |
| SPWM_IN | SPWM1 | H 桥左上桥驱动信号 | SPWM1 | 0.5mm² 蓝色 |
| | GND | | GND | 0.5mm² 白色 |
| | SPWM2 | H 桥左下桥驱动信号 | SPWM2 | 0.5mm² 蓝色 |
| | GND | | GND | 0.5mm² 白色 |
| | SPWM3 | H 桥右下桥驱动信号 | SPWM3 | 0.5mm² 蓝色 |
| | GND | | GND | 0.5mm² 白色 |
| | SPWM4 | H 桥右上桥驱动信号 | SPWM4 | 0.5mm² 蓝色 |
| | GND | | GND | 0.5mm² 白色 |
| DC_IN | DC_H | 直流高压输入 | DC_H | 0.75mm² 红色 |
| | GND1 | | GND1 | 0.75mm² 蓝色 |
| AC_OUT | AC_L | 220V 交流输出 | L | 0.75mm² 红色 |
| | AC_N | | L | 0.75mm² 蓝色 |

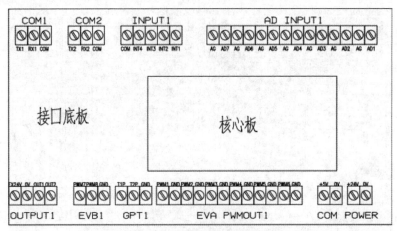

（a）DSP 控制单元接线端示意图

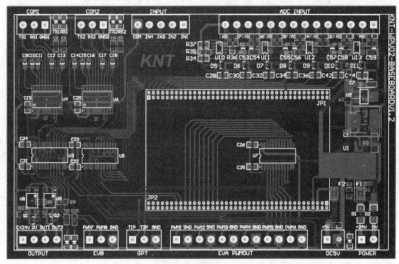

（b）DSP 控制单元 PCB 板图

图 4-37　DSP 控制模块

表 4-4　接口底板电路接线端口

| 接线端 | 接线端端口 | 用途 | 标号 | 线型 |
|---|---|---|---|---|
| COM2 | TX2 | 与监控上位机通信 | C3A | 0.5mm² 双芯屏蔽电缆 |
| | RX2 | | C3B | 0.5mm² 双芯屏蔽电缆 |
| | GND2 | | C3G | 0.5mm² 双芯屏蔽电缆 |

续表

| 接线端 | 接线端端口 | 用途 | 标号 | 线型 |
|---|---|---|---|---|
| EVA PWMOUT | PWM1 | 发出 H 桥左上桥驱动信号 | PWM1 | 0.5mm² 蓝色 |
|  | GND |  | GND | 0.5mm² 白色 |
|  | PWM2 | 发出 H 桥左下桥驱动信号 | PWM2 | 0.5mm² 蓝色 |
|  | GND |  | GND | 0.5mm² 白色 |
|  | PWM3 | 发出 H 桥右下桥驱动信号 | PWM3 | 0.5mm² 蓝色 |
|  | GND |  | GND | 0.5mm² 白色 |
|  | PWM4 | 发出 H 桥右上桥驱动信号 | PWM4 | 0.5mm² 蓝色 |
|  | GND |  | GND | 0.5mm² 白色 |
| POWER | +24V | 输入直流工作电源 | +12V | 0.5mm² 红色 |
|  | 0V |  | 0V | 0.5mm² 白色 |

### 3. 升压主电路

逆变器中的 DC-DC 升压部分采用 SG352 产生两个互补的方波脉冲来驱动两个 IRF3205MOS 管，使得 MOS 管互补导通，经过变压器升压过后，再经过整流电路达到 315V 稳定的直流高压。主电路如图 4-38 所示。

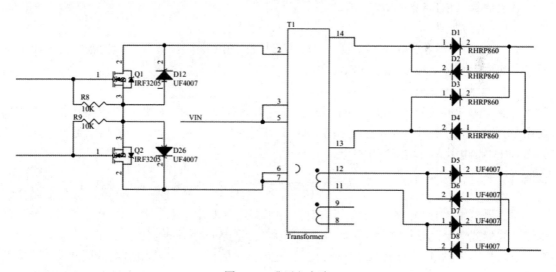

图 4-38　升压主电路

### 4. 升压驱动

升压部分的驱动是用 SG3525 驱动的，升压驱动原理图如图 4-39 所示。

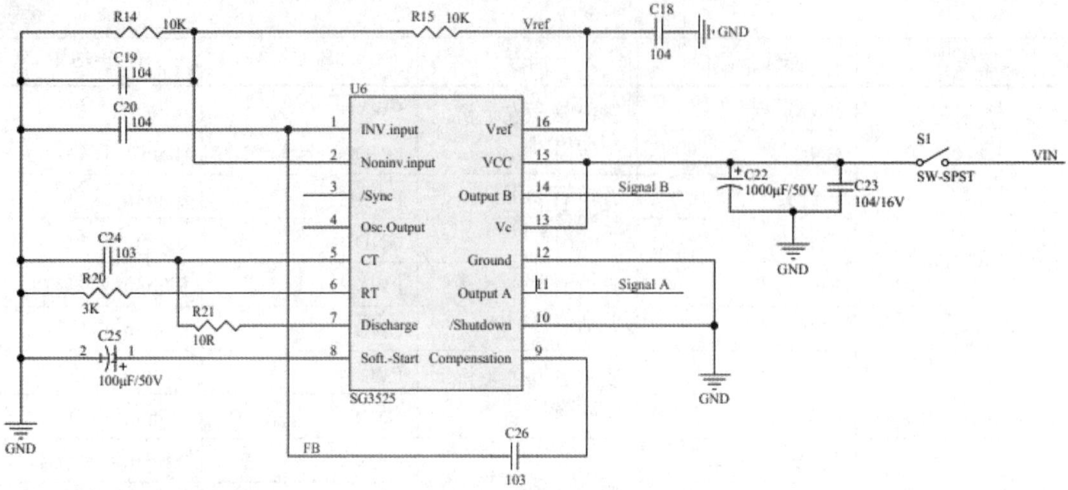

图 4-39  SG3525 升压驱动电路

　　SG3525 是美国硅通用半导体公司推出的用于驱动 N 沟道功率 MOSFET，性能优良、功能齐全和通用性强的单片集成 PWM 控制芯片，它使用简单可靠及方便灵活，输出驱动为推拉输出形式，增加了驱动能力；内部含有欠压锁定电路、软启动控制电路、PWM 锁存器，有过流保护功能，频率可调，同时能限制最大占空比。

　　脉宽调制器 SG3525 简介：

　　（1）结构框图

　　SG3525 是定频 PWM 电路，采用 16 引脚标准 DIP 封装。其各引脚功能如图 4-40（a）所示，其内部原理框图如图 4-40（b）所示。

　　（2）引脚功能说明

　　直流电源 $V_s$ 从脚 15 接入后分两路，一路加到或非门；另一路送到基准电压稳压器的输入端，产生稳定的电压作为电源。振荡器脚 5 须外接电容 $C_T$，脚 6 须外接电阻 $R_T$。振荡器频率 $f$ 由外接电阻 $R_T$ 和电容 $C_T$ 决定：

$$f = \frac{1}{C_T(0.7R_T + 3R_D)} \tag{4-17}$$

　　振荡器的输出分为两路，一路以时钟脉冲形式送至双稳态触发器及两个或非门；另一路以锯齿波形式送至比较器的同相输入端，比较器的反向输入端接误差放大器的输出，误差放大器的输出与锯齿波电压在比较器中进行比较，输出一个随误差放大器输出电压高低而改变宽度的方波脉冲，再将此方波脉冲送到或非门的一个输入端。或非门的另两个输入端分别为双稳态触发器和振荡器锯齿波。双稳态触发器的两个输出互补，交替输出高低电平，将 PWM 脉冲送至三极管 $VT_1$ 及 $VT_2$ 的基极，锯齿波的作用是加入死区时间，保证 $VT_1$ 及 $VT_2$ 不同时导通。最后，$VT_1$ 及 $VT_2$ 分别输出相位相差为 180° 的 PWM 波。

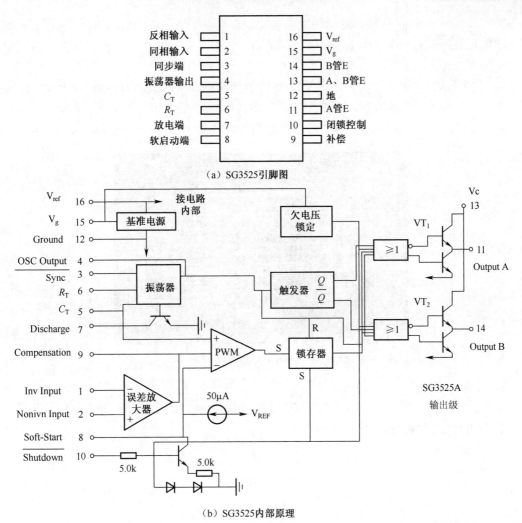

（a）SG3525引脚图

（b）SG3525内部原理

图 4-40　脉宽调制器 SG3525

其性能特点如下：

1）工作电压范围宽：8～35V。

2）内置 5.1V±1.0%的基准电压源。

3）芯片内振荡器工作频率宽 100Hz～400kHz。

4）具有振荡器外部同步功能。

5）死区时间可调。为了适应驱动快速场效应管的需要，末级采用推拉式工作电路，使开关速度更快，末级输出或吸入电流最大值可达 400mA。

6）内设欠压锁定电路。当输入电压小于 8V 时芯片内部锁定，停止工作（基准源及必要电路除外），使消耗电流降至小于 2mA。

7）有软启动电路。比较器的反相输入端即软启动控制端芯片的引脚 8，可外接软启动电容。该电容器内部的基准电压 $U_{ref}$ 由恒流源供电，达到 2.5V 的时间为 t=(2.5V/50μA)C，占空比由小到大（50%）变化。

8）内置 PWM（脉宽调制）。锁存器将比较器送来的所有的跳动和振荡信号消除。只有在下一个时钟周期才能重新置位，系统的可靠性高。

9）SG3525 的 11 脚和 14 脚发出的脉冲波形如图 4-41 所示。

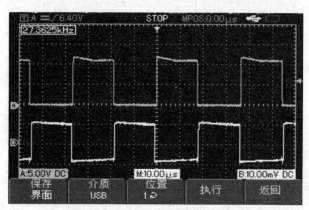

图 4-41  SG3525 发出的脉冲波形

### 5. 电压反馈电路

电压反馈电路是稳压的一个重要组成部分，为了提高电源的可靠性和电压的稳定性，逆变器中的电压电反馈电路如图 4-42 所示。

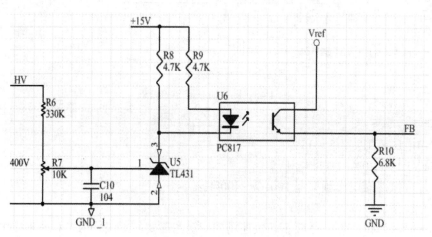

图 4-42  电压反馈保护

电压反馈保护就是把升压后的高压部分的电压采集反馈到 SG3525 驱动器，并根据电压实时调节驱动脉冲的占空比，以实现输出高压稳定的作用。

### 三、全桥逆变

#### 1. DC-AC 变换电路结构

DC-AC全桥变换的基本原理如图4-43所示，$U_d$ 为直流电压，$V_1$，$V_2$，$V_3$，$V_4$ 为可控开关。当 $V_1$，$V_4$ 导通 $V_2$，$V_3$ 断开时，负载端电压 $U_s$ 为上正下负。反之，当 $V_2$，$V_3$ 导通 $V_1$，$V_4$ 断开时，负载端电压 $U_s$ 为下正上负。这样，$V_1$，$V_4$ 和 $V_2$，$V_3$ 按一定的频率互补导通，就能够实现 DC-AC 变换。

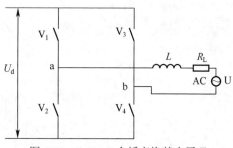

图 4-43　DC-AC 全桥变换基本原理

#### 2. 逆变主电路

逆变主电路主要是由 4 个 IRF740 N 型沟道 MOSFET 和四个二极管组成的，由 DSP 发出的 SPWM 脉冲来控制四个桥臂的轮流导通，主电路如图 4-44 所示。

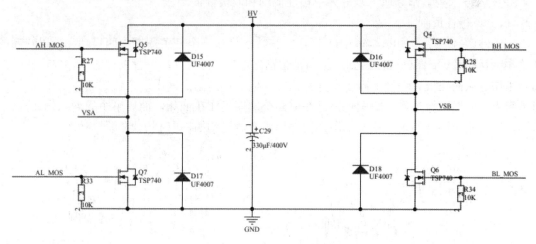

图 4-44　逆变主电路图

#### 3. SPWM 调制介绍

随着逆变器控制技术的发展，电压型逆变器出现了多种变压、变频控制方法。目前采用较多的是正弦脉宽调制技术，即 SPWM 控制技术。SPWM（Sinusoidal Pulse Width Modulation）技术，是指调制信号正弦化的 PWM 技术。由于其具有开关频率固定、输出电压只含有固定频率的高次谐波分量、滤波器设计简单等一系列优点，SPWM 技术已成为目前应用最为广泛的逆变用 PWM 技术。

SPWM（正弦脉宽调制）应用于正弦波逆变器主要基于采样控制理论中的一个结论：冲量相等而形状不同的窄脉冲加在具有惯性的环节上，效果基本相同。图 4-45（a）是将正弦波的半个周期分成等宽（π/N）的 N 个脉冲，（b）是 N 个宽度不等的矩形脉冲，但矩形中点与正弦等分脉冲中点重合，并且矩形脉冲的面积和相应正弦脉冲面积相等。

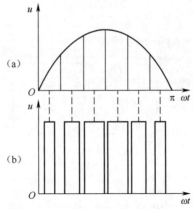

图 4-45　数字 PWM 控制基本原理

SPWM 技术按工作原理可以分为单极性调制和双极性调制。

（1）单极性调制

单极性调制的原理如图 4-46（a）所示，其特点是在一个开关周期内两只功率管以较高的开关频率互补开关，保证可以得到理想的正弦输出电压；另两只功率管以较低的输出电压基波频率工作，从而在很大程度上减少了开关损耗。但并不是固定其中一个桥臂始终工作在低频，而是每半个周期切换工作，即同一桥臂在前半个周期工作在低频，而后半个周期工作在高频。这样可以使两个桥臂的工作状态均衡，器件使用寿命更均衡，有利于增加可靠性。

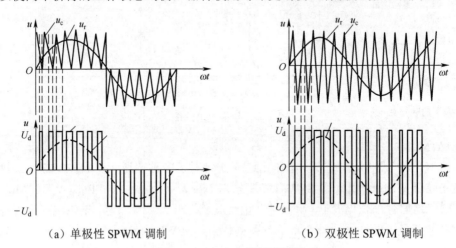

（a）单极性 SPWM 调制　　　　　　（b）双极性 SPWM 调制

图 4-46　SPWM 调制原理图

（2）双极性调制

双极性调制的原理如图 4-46（b）所示，其特点是四个功率管都工作在较高的频率（载波频率），虽然能够得到较好的输出电压波形，但是其代价是产生了较大的开关损耗。图 4-43 中有关波形如图 4-47 所示。KNT_SPV02_INVERTER_V1.0 采用了单极性 SPWM 的调制方式。

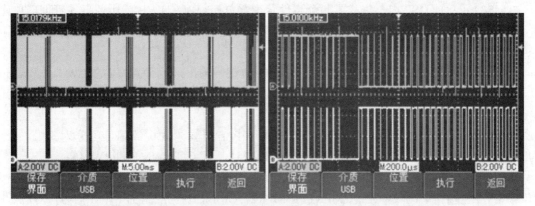

（a）$V_1 V_2$ 波形

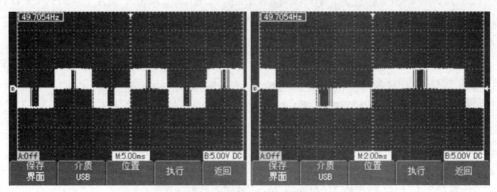

（b）ab 两点波形（滤波之前）

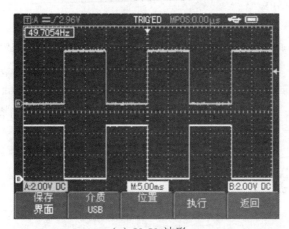

（c）$V_3 V_4$ 波形

图 4-47　图 4-43 中的有关波形

（3）SPWM 的软件实现

TMS320F2812 的 EV 单元介绍：

TMS320F2812 DSP 内部集成了两个事件管理器单元（EVA，EVB），所谓事件管理器单元，可以理解成为定时动作，即在预先设定的时刻完成指定的动作，如在 1μs 时刻将管脚拉高，在 2μs 时刻将其拉低。

TMS320F2812 的 EVA 和 EVB 各具有 6 路 PWM 信号输出，分别为 EVA 的 PWM1～PWM6，以及 EVB 的 PWM7～PWM12。EVA 和 EVB 的功能完全一致，下面以 EVA 为例详细介绍 EV 单元产生 PWM 的原理。

EVA 的 6 路 PWM 信号，对应于芯片的 PA0～PA5 引脚。这 6 路信号可分为 3 组，分别为第一组 PWM1 和 PWM2，第二组 PWM3 和 PWM4，第三组 PWM5 和 PWM6。

PWM 信号的周期决定于 EVA 的定时器周期，各路信号的占空比决定于相应的比较单元的值。EVA 包括三个比较单元：CMPR1，CMPR2，CMPR3。同一组的 PWM 信号，对应于同一个比较单元。即 CMPR1 决定 PWM1 和 PWM2 的占空比；CMPR2 决定 PWM3 和 PWM4 的占空比；CMPR3 决定 PWM5 和 PWM6 的占空比。同一组的两个 PWM 信号还能通过其控制寄存器设置其动作为相同或者互补。

如要产生两路互补，死区时间为 1μs，占空比分别为 20% 和 80%，频率为 75kHz 的 PWM 信号，可对 EVA 单元配置如下：

1）根据所需信号的频率，设置 EVA 定时器的计数频率为 75MHz，计数周期 T1PR 为 75MHz/75kHz=1000。

2）根据占空比，设置 CMPR1（使用 PWM1 和 PWM2）的值为 1000×20%=200。

3）根据死区时间长度设置死区定时器的计数频率为 75MHz，死区定时器周期为 75。

4）根据要求互补设置 PWM1 为高有效，PWM2 为低有效。

利用 EV 单元产生 SPWM：

SPWM 是周期不变，占空比按正弦规律变化的 PWM 信号。通过上面的介绍可以知道，周期不变即保持计数周期 T1PR 不变；占空比按正弦规律变化，即比较值 CMPR1 按正弦规律变化。用 SPWM 调制的方法将 311V 直流高压调制成 50Hz，220V 正弦交流电压的过程中，SPWM 被称为载波。若载波频率为 16kHz，则每个周期的载波数为 16kHz/50Hz=320，又由于上半周期和下半周期的变化规律相同，均为（sin0×幅值）～（sinπ×幅值）的变化，因此每半周期需要 160 个载波，且第 i 个载波周期的占空比应为 $\sin((i/160)\times\pi)$。基于以上思想，利用 DSP 产生 SPWM 的基本思路如下：先设置好载波频率，计数器采用先向上后向下的计数方式，在每次计数值达到载波周期时，重置 CMPR1 的值，在半周期结束后切换方向。

4. DC-AC 硬件结构

如图 4-48 所示，Udc 是前级 Boost 电路产生的直流高压，约 350V 左右，T1～T4 为四个功率开关 MOSFET 管，LC 为 AC 滤波元件。控制器发出 SPWM 脉冲经隔离驱动模块放大，驱动 T1～T4 以控制开关管通断。

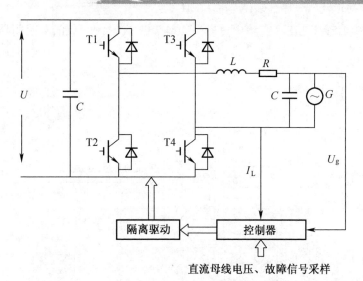

图 4-48　DC-AC 硬件结构图

在 KNT-WPV02-INVERTER_V1.0 中，控制器采用 TMS320F2812DSP，隔离驱动模块采用 IR2110S，T1～T4 采用 IRF740。有关 TMS320F2812 DSP 的内容这里不再赘述。

5. MOSFET 驱动模块介绍

IR2110S 可以直接驱动高端和低端大功率场效应管，使半桥或全桥电路的驱动电路大大简化。IR2110 器件的自身保护功能非常完善，对于低压侧通道，当 VCC 低于规定值（如 8.6V）时，欠压锁定将会阻断任何一个通道工作；对于高压侧通道，当 VS 和 VB 之间的电压低于限定值（如 8.7V）时欠压自锁会关断栅极驱动。

IR2110 用于自举电路的原理如图 4-49 所示，由于 MOSFET 器件的栅极具有容性输入特性，即它们通过提供一些电荷给栅极而导通，不需要提供电路。所以可以利用 IR2110 的 VB 和 VS 之间的外接电容 C35 和 VB 脚的二极管 D22 通过自举原理构成隔离电路，从而减少所需的驱动电源数量。

图 4-49 所示的电路可以驱动同一桥壁的上下管。图中 C35、D22 分别为自举电容和二极管，C37 和 C39 为 VCC 的滤波电容。假定在 T1 关断期间 C1 已充到足够的电压（VC1≈VCC）。当 HIN 为高电平，LIN 为低电平时，T2 关断，VC35 上的电压加到 T1 的门极和发射极之间，使 T1 导通。当 HIN 为低电平，LIN 为高电平时，T2 导通，C35 充电，下一个周期时，C35 再加到 VB 和 VS 之间，如此循环。MOSFET 在开通时，需要在极短的时间内向门极提供足够的栅电荷。假定在器件开通后，自举电容两端电压比器件充分导通所需要的电压（10V，高压侧锁定电压为 8.7/8.3V）要高；再假定在自举电容充电路径上有 1.5V 的压降（包括 VD1 的正向压降）；最后假定有 1/2 的栅电压（栅极门槛电压 VTH 通常 3～5V）因泄漏电流引起电压降。综合上述条件，工程应用一般取：C1> 2Qg/（VCC–10–1.5）。

IRF740 充分导通时所需要的栅电荷 Qg=300nC（可由特性曲线查得），VCC=12V，那么：

C1=2×300/(12−10−1.5)=1.2μF。实际中可取 C1=4.7μF 或更大一点的，且耐压大于 25V 的钽电容。

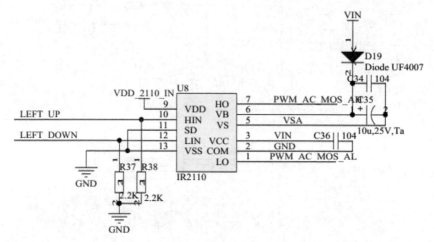

图 4-49　IR2110 自举电路

6. MOSFET 介绍

KNT-WPV02-INVERTER_V1.0 采用的 MOSFET 为 IRF740。其漏源之间电压可高达 500V，源极电流 10A 以上。栅源电压 10V 左右即可导通。

7. 输出滤波器设计

典型的滤波器是一种低通滤波器，它充分抑制高频成分通过，使低频成分畅通。LC 滤波器的性能主要由电抗 $L_1$ 和电容 $C_1$ 之间的谐振频率决定，LC 谐振频率为：

$$f_c = \frac{1}{2\pi\sqrt{L_1 C_1}} \tag{4-18}$$

为了使输出电压更接近正弦波，同时又不会引起谐振，谐振频率必须要远小于电压中所含有的最低次谐波频率，同时又要远大于基波频率，为了达到比较优良的性能，应满足以下关系：

$$10f_1 < f_c < f_s/10 \tag{4-19}$$

其中，$f$ 为滤波器的谐振频率，$f_1$ 为基波频率，$f_s$ 为载波频率。根据上式，如果基波频率为 50Hz，则载波频率 $f_s$ 可达到以上 5kHz 以上。输出滤波电感最小值由流过电感的允许电流纹波决定，一般取 10%～20% 的额定电流。这里取 15%，在 220V/1kW 的情况下有：

$$\Delta I_{\text{Max}} = 20\% \times \frac{1000}{220} = 0.91\text{A}$$

电感的状态满足下式：

$$\Delta I_L = \frac{V_{DC} - U_o(t)}{L} \times \frac{D}{f_C} \tag{4-20}$$

式中，$f_c$——输出电压载波频率

$\quad\quad D$——开关占空比

$\quad\quad V_{DC}$——直流母线电压

$\quad\quad U_o(t)$——输出电压

根据单极性倍频 SPWM 调制的原理，由于开关频率远远大于输出频率，所以有：

$$U_o(t) = DV_{DC} + (1-D) \times 0 \tag{4-21}$$

$$D = \frac{U_o(t)}{V_{DC}} \tag{4-22}$$

进一步可求得：

$$\Delta I_L = \frac{V_{DC} - U_o(t)}{L} \times \frac{U_o(t)}{f_C V_{DC}} \tag{4-23}$$

式中，$U_o(t) = \dfrac{V_{DC}}{2}$ 时，有最大值：

$$\Delta I_L = \frac{V_{DC}}{8Lf_c} \tag{4-24}$$

本设计中，$V_{DC} = 360V$，$f_c = 16kHz$，$\Delta I_{Max} = 0.91A$ 有

$$L \geqslant 3.0mH$$

根据 $2\pi LC = \dfrac{10}{f_C}$，可进一步求得 $C = 3.4\mu F$，本设计中取 $4\mu F$。

**8．系统通信功能**

KNT-WPV02-INVERTER_V1.0 逆变控制系统带有 RS232 通信接口，通过该通信接口可与监控系统进行通信，实现上位机对逆变系统工作参数的查询和设置。

可查询的参数有：基波频率，载波频率，死区时间，调制比；

可设置的参数有：基波频率，死区时间，调制比。

几种不同情况的输出波形如图 4-50 所示。

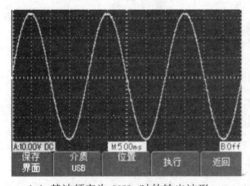
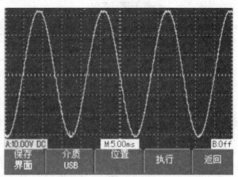

（a）基波频率为 50Hz 时的输出波形　　　　（b）基波频率为 60Hz 时的输出波形

图 4-50　几种不同情况的输出波形

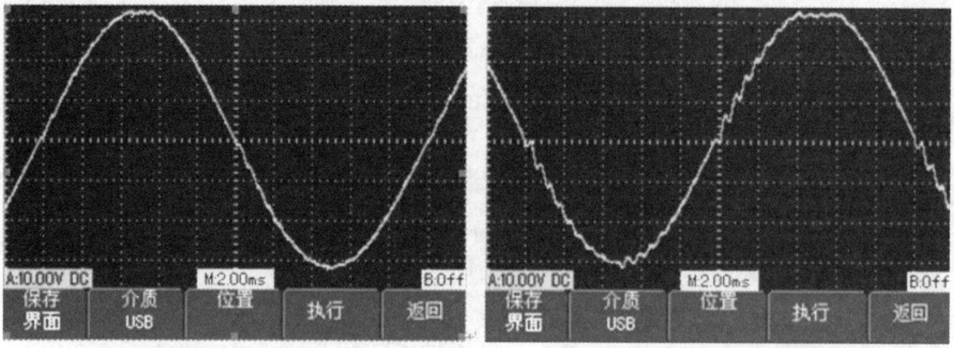

（c）死区时间为 300ns 时的输出波形　　　　（d）死区时间为 3000ns 时的输出波形

图 4-50　几种不同情况的输出波形（续图）

## 【知识拓展】并网逆变器分析与检测

### 一、并网逆变器的技术要求

光伏并网发电系统是利用电力电子设备和装置，将太阳能电池发出的直流电转变为与电网电压同频、同相的交流电，从而既向负载供电，又向电网馈电的有源逆变系统。按照系统功能的不同，光伏并网发电系统可分为两类：一种是带有蓄电池的可调度式光伏并网发电系统；一种是不带蓄电池的不可调度式光伏并网发电系统。典型的不可调度式光伏并网发电系统如图 4-51 所示。

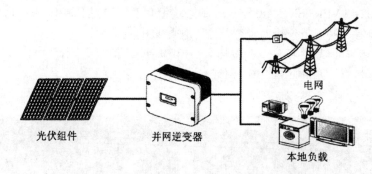

光伏组件　　　　并网逆变器　　　　电网　　　　本地负载

图 4-51　典型的不可调度式光伏并网发电系统

图 4-51 中可知，整个并网发电系统由光伏组件、光伏并网逆变器、连接组件、计量装置等组成，对于可调度式光伏并网发电系统还包括储能用的蓄电池组。并网逆变器是整个并网发电系统的核心设备，承担着光伏阵列的最大功率点跟踪、直流逆变、防孤岛效应等诸多功能。总的来说，光伏并网发电系统对并网逆变器有以下几点要求：

（1）要求具有较高的逆变效率。由于目前太阳能电池的价格偏高，为了最大限度地利用太阳能电池，提高系统效率，必须设法提高逆变器的效率，让逆变器自身的功率损耗尽可能小。

（2）要求直流输入电压有较宽的适应范围。由于太阳能电池的端电压随负载和日照强度而变化，这就要求逆变器必须能在较大的直流输入电压范围内正常工作，并保证交流输出电压的稳定。

（3）要求具有较高的可靠性和严格的保护措施。目前光伏发电系统主要用于边远地区，许多电站无人值守和维护，这就要求逆变器具有合理的电路结构，严格的元器件筛选和完善的保护功能。

（4）由于是并网运行，逆变器的输出应为失真度小的正弦波，要做到与电网电压同频同相，不能对电网有干扰和谐波污染。目前，IEEE Std 929-2000 标准为：要求并网逆变器总谐波失真（TI-ID）小于 5%，3、5、7、9 次谐波小于 4%，11～15 次小于 2%，35 次以上小于 0.3%。

跟国外的光伏并网发电技术相比，我国的技术水平还有一定的差距，就并网逆变器而言，我国自主研发生产的知名品牌并不多，大部分的光伏示范工程都采用进口的国外品牌，导致光伏并网发电系统的造价高、依赖性强，制约了光伏并网系统在国内市场的发展和推广。因此开展对光伏并网逆变器的研究，掌握并网逆变器关键技术对推广光伏并网发电系统，实现节能减排有着十分重要的作用。

## 二、并网逆变器的国内外应用现状

太阳能光伏并网发电始于 20 世纪 80 年代，由于光伏并网逆变器在并网发电中所起的核心作用，世界上主要的光伏系统生产商都推出了各自商用的并网逆变器产品。这些并网逆变器在电路拓扑、控制方式、功率等级上都有其各自特点，其性能和效率也参差不齐。目前在国内外市场上比较成功的商用光伏并网逆变器主要有以下几种：

1. 德国 SMA 公司的 Sunny Boy 系列光伏逆变器

艾思玛太阳能技术股份公司（Solar Technology AG，SMA）是全球光伏逆变器第一大生产供应商，并引领着全球光伏领域的技术创新和发展。该公司推出的 Sunny Boy 系列光伏组串逆变器是目前为止并网光伏发电站最成功的逆变器，市场份额高达 60%。其在国内的典型工程包括大兴天普"50kWp 大型屋顶光伏并网示范电站"、深圳国际园林花卉博览园 1MWp 光伏并网发电工程等。

2. 奥地利 Fronius 公司的 IG 系列光伏逆变器

Fronius 是专业生产光伏并网逆变器和控制器的高新技术企业，光伏并网逆变器实力排名世界第二。目前该公司的市场主要在欧洲和北美，在国内参与的工程还比较少。

3. 美国 Power-One 公司的 AURORA 系列光伏逆变器

Power-One（宝威）是世界知名的电源供应商，该公司于 2006 年通过收购 Magnetek 而进入新能源领域。在 2008 年底，该公司已与云南无线电有限公司签署了光伏并网逆变器项目合作协议，将对推动我国光伏产业的发展做出积极贡献。

### 4. 阳光电源的 SunGrow 系列光伏逆变器

作为国内最大的光伏逆变器提供商，阳光电源始终专注于可再生能源发电产品的研发、生产，其产品主要有光伏发电电源、风力发电电源、回馈式节能负载、电力系统电源等。阳光电源先后成功参与了北京奥运鸟巢、上海世博会、三峡工程、上海临港大型太阳能光伏发电项目、西班牙 Malaga 5MW 大型光伏电站等重大工程。到目前为止，阳光电源还是国内唯一一家取得 CE 认证的光伏发电设备提供商，该公司产品已成功进入西班牙、意大利等对并网技术要求十分严格的欧洲市场。相对国内同行，其技术领先优势明显。

除以上公司外，能提供成熟的商用光伏并网逆变器的厂家还很多，如加拿大的 Xantrex 公司、德国康能（Conergy）集团，国内的北京索英电气、南京冠亚电源等。

同时，国内许多高校和研究机构也长期致力于光伏发电技术领域的研究工作。

### 三、并网逆变器的分类

并网逆变器的方法有多种，按照直流侧输入电源性质的不同可分为电压型逆变器和电流型逆变器。电压型逆变器直流侧为电压源，或并联有大电容，直流回路呈低阻抗；电流型逆变器直流侧串联有大电感，相当于电流源，直流回路呈高阻抗，相对于电压型逆变器，其系统动态响应差。

按照逆变器与市电并联运行的输出控制方式可分为电压控制逆变器和电流控制逆变器。输出采用电流控制时，其控制方法相对简单，只需控制逆变器的电流与电网电压同频同相，即可达到并网运行的目的。因此，目前世界上的绝大多数光伏并网逆变器产品都采用电流源输出的控制方式。

按照主电路结构的不同，光伏并网逆变器还可以分为工频和高频两种。

典型的工频逆变器结构如图 4-52 所示，太阳能电池发出的直流电经 DC-AC 逆变过后，通过工频变压器与电网相连。工频变压器起到隔离电网、匹配电压的作用，而正是由于带有工频变压器，导致整个逆变器体积大、质量重。

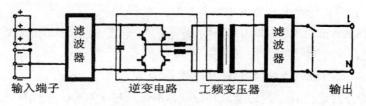

图 4-52  工频逆变器结构图

高频逆变器又可分为隔离型和非隔离型两种。

隔离型并网逆变器中含有高频变压器，主要起调节电压、隔离电网的作用，其结构如图图 4-53 所示，它首先通过 DC-AC 变换器将太阳能电池发出的直流电转换为高频交流电，接着利用高频变压器隔离升压，在副边经 AC-DC 整流，最后通过逆变电路与电网相连。由于使用了高频变压器，使整个逆变器的体积小、重量轻、结构紧凑、工作噪声小。

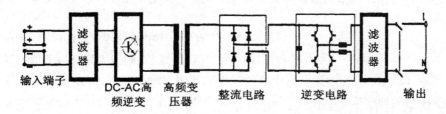

图 4-53　隔离型高频逆变器结构图

非隔离型并网逆变器典型结构如图 4-54 所示，它首先通过 DC-DC 变换器将太阳能电池的直流电升压或者降压转化为满足并网要求的直流电压，然后经逆变电路、输出滤波器和电网直接相连。

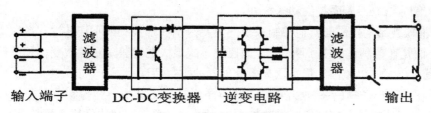

图 4-54　非隔离型高频逆变器结构图

另外，按照主电路的拓扑级数，光伏并网逆变器还可以分为单级式并网逆变器、两级式并网逆变器、多级式并网逆变器等，在本文中不再一一举例。

**四、并网逆变器输出电流的主要控制方式**

在数字控制技术不断发展、数字电路硬件成本不断降低的今天，数字化 PWM 控制方式具有更加广泛的应用前景。与模拟控制相比，数字化控制具有控制灵活、易改变控制算法和硬件调试方便等优点。针对并网逆变器输出电流的闭环跟踪控制，国内外学者提出了大量卓有成效的数字控制方案，比较常用的有数字 PI 或 PID 控制、电流数字滞环比较控制、无差拍控制、重复控制、滑模变结构控制等。

（1）数字 PI 或 PID 控制是利用 PI 或 PID 调节器的输出和三角波进行比较产生 PWM 信号，以此来控制开关管的工作。该方法是通过将传统的模拟 PID 控制离散化来实现的，是目前最常用的电流反馈控制，它又可以分为位置式 PID 控制和增量式 PID 控制，由于后者具有更加优越的性能，因此应用更加广泛。PID 控制最大的问题是电流反馈需要加较大的滤波，以保证其谐波成分远比三角波的频率低。此外，该方法还存在输出电流相位漂移的问题。

（2）电流滞环比较控制是把输出电流参考波形和电流的实际波形通过滞环比较器进行比较，利用其结果来决定逆变器桥臂上下开关器件的导通和关断。这种方法最大的优点是控制简单，容易实现，动态响应极快，并且对负载及参数不敏感。但是，这种方法中开关频率不固定，在调制过程中容易出现很窄的脉冲和大的电流尖峰。直流电压不够高或电流幅值太小时，电流控制效果均不理想。

（3）无差拍（Deadbeat）控制是数字控制特有的一种控制效果。该方法是在负载情况已知的前提下，在控制周期的开始，根据电流的当前值和控制周期结束时的参考值选择一个使误差趋于零的电压矢量，去控制逆变器中开关器件通断的一种控制方式。这种控制方法计算量较大，对数学模型的精确度要求较高，但其开关频率固定、动态响应快，十分适宜于光伏并网系统的数字控制。

（4）重复控制的基本思想源于控制理论中的内模原理。它利用内模原理，在稳定的反馈闭环控制系统内设置一个可以产生与参考输入及扰动输入信号同周期的内部模型，从而使系统实现对外部周期性参考信号的渐近跟踪。重复控制可以消除输出波形的周期性畸变，使逆变器获得低 THD 的稳态输出波形，但其动态响应慢。因此，重复控制经常与其他控制方法相结合，形成复合控制方法来改善系统的动态特性。

（5）滑模变结构控制与其他控制系统的主要区别在于控制的不连续性，系统"结构"不是固定的，而是在控制过程中不断变化。该控制方式最大的优势是对参数变动和外部扰动不敏感，系统具有很好的鲁棒性，特别适合微处理器的数字实现。

除以上提及的几种数字控制方案外，还有学者提出了其他一些控制方案，如神经网络控制、模糊控制、广义预测控制等，这些控制方案在发挥数字控制的优势方面都具有各自特点，但目前实际应用还比较少，大部分处于理论研究阶段。

## 【任务实施】

### 实例一　拆解与组装 WPV02 型风光互补实训系统逆变器

#### 一、实训目标

（1）了解实训平台逆变器的实际产品。
（2）了解 WPV02 型风光互补实训系统逆变器电路及应用。
（3）掌握逆变器的安装调试及一般故障排除方法。

#### 二、实训场所及器材

地点：风光互补安装大赛实训室。
器材：焊台、常用仪表及装配工具。

#### 三、实训步骤

（1）KNT-WPV02-INVERTER_V1.0 逆变控制系统的识别拆解。
（2）KNT-WPV02-INVERTER_V1.0 逆变控制系统的工作测试。

（3）KNT-WPV02-INVERTER_V1.0 逆变控制系统带有 RS232 通信接口，通过该通信接口可与监控系统进行通信，实现上位机对逆变系统工作参数的查询和设置。

风光互补实训系统逆变器各部分如图 4-55 所示。

（a）逆变器 DC-DC 升压板图　　　　　　　（b）逆变器全桥逆变板图

（c）逆变器 DSP 控制板图

（d）逆变器安装后的效果图

图 4-55　风光互补实训系统逆变器

## 四、考核方法

该任务采取单人逐项答辩式考核方法，针对制作实例教师对每个同学进行随机问答。

（1）KNT-WPV02-INVERTER_V1.0 逆变控制系统的结构及类型。

（2）KNT-WPV02-INVERTER_V1.0 逆变控制系统的测试结果。

### 实例二　晶闸管串级调速装置基本认识

#### 一、实训目标

（1）了解有源逆变的实际应用。

（2）掌握晶闸管串级调速装置的结构。

（3）了解晶闸管串级调速装置的操作。

（4）了解晶闸管串级调速装置的一般故障及排除方法。

#### 二、实训场所及器材

地点：某污水处理场。

器材：GKGJA-22KW 晶闸管串级调速装置，6 套。

#### 三、实训步骤

1. 装置的外形结构认识

观察装置结构，认真察看并记录设备上的有关信息，包括型号、电压、电流、功率、转速调节范围等。对照原理图，识别该装置的晶闸管整流器、逆变器、电抗器、频敏变阻器、触发器、保护电路等组成部分。

相关要求：根据 GKGJA 装置结构，画出整个系统的结构框图，并对每一部分的名称用文字进行标注。

2. 专业人员技术讲解——故障分析处理经验

在长期维修 GKGJA 装置之后，发现装置使用过程中存在不少问题，在这里与大家一起探讨。

（1）启动投入调速后，电动机转速下降，调节失控。

因启动时，电动机运转正常，只是切换至调速后，出现电动机转速下降，故可判断为触发模块工作不正常。重点检查触发电路，测量模块的输入电压为 220V，正常；测量触发模块的输出电压为零，说明触发模块没有工作。

经拆开模块检查，通过静态测量，发现电源变压器损坏，造成模块工作电源消失，没有输出电压。

（2）启动并投调速后过流动作跳闸，保护停机。

本故障出现较多，其原因也较多，分析如下。

1）晶闸管损坏。晶闸管损坏后一般会引起快速熔断器熔断，但如果未熔断，就会引起 GLJ 动作停机，通过测量晶闸管的阳、阴两极的电阻，就可判断出晶闸管的好坏。

2）触发回路接触不良。本故障出现较多，如果触发回路接触不良，将会引起各触发信号错乱，晶闸管导通角发生错乱，引起逆变失败，从而引发过流动作。对于这种故障，可以采用送上控制电源后，测量模块输出端到晶闸管输入端的线路压降反映线路的接触情况，正常电压应为零，故障时会有一定电压。在本装置中，因触发信号经过穿心螺栓引入另一面的晶闸管；由于该装置放置在曝气池附近，受曝气池潮湿、腐蚀空气的影响，长时间作用下，螺栓易生锈而产生接触不良，处理后正常。

3）触发模块损坏。触发模块损坏后，将会引起某一相晶闸管全导通，引起过流动作；模块内一般是三极管中某一个或多个击穿引起晶闸管某一相或多相全导通，引起直流电流大造成过电流继电器动作，通过静态测量来找出损坏的三极管更换即可。

（3）启动后电动机电流偏大，投入调速时发现直流电压不随直流电流而改变。

启动电动机并投入调速后，发现直流电压表为满偏，直流电流为 60A，测量自动开关 ZK 下面的输入交流电流为 75A，比额定值略大，调节调速电位器 $R_p$ 时，发现直流电流增加，但直流电压不下降，后检查电动机，发现电动机并没有转动。仔细检查各交流接触器的触点后，发现为定子主回路交流接触器有一相触点接触不良，造成定子绕组"跑单相"，而电动机负载较大，无法启动。因电动机控制装置离电动机较远，操作人员不能及时发现，还以为是调速装置有故障。

（4）电动机滑环易发生烧坏。

本故障主要为电动机长时间运转（该厂一般为 24 小时运转），碳粉积集在滑环、碳刷架上引起绝缘下降造成短路。尤其是电动机在速度较低下运行时，因转差率较大，这时转子绕组感应的电压较高，易击穿短路，在潮湿的天气更厉害；轻者可以见到碳刷架上的碳粉在冒火，重者将滑环、碳刷架烧坏。通过将原铜质滑环更换成钢质滑环减少磨损，将 D201 型碳刷改为较难磨损的 J201 型碳刷，平时加强检查和保养，以解决该问题。

（5）运行中频敏变阻器烧坏。

频敏变阻器仅在电动机启动时使用，平时不通电，一般不会烧坏，除非多次启动过程烧坏，但现在是在运行中烧坏，说明控制线路有故障；经检查发现控制线路中的中间继电器线圈已开路。在正常运行工作状态中间继电器是通电工作的，并通过其辅助触点断开控制频敏变阻器的交流接触器，使得频敏变阻器在启动完毕后撤出工作状态。若在运行中，中间继电器线圈回路断开，使得中间继电器失电导致控制频敏变阻器的交流接触器接通，频敏变阻器投入长期工作，因频敏变阻器的设计是短时工作制的，长时间通电必然造成过热烧坏。

## 四、考核方法

该任务采取单人逐项考核方法，教师（或是已经考核优秀的学生）对每个同学都要进行如下 4 项考核。

（1）能否准确描述晶闸管串级调速装置的结构？

（2）能否准确读取晶闸管串级调速装置的铭牌信息？

（3）能否识别晶闸管串级调速装置的主要元器件？

（4）能否了解晶闸管串级调速装置出现的简单故障？

### 五、实训报告

项目实训报告内容应包括项目实训目标、项目实训器材、项目实训步骤、装置的铭牌记录、装置的结构记录、可能出现的简单故障等。

## 【项目总结】

知识目标：

（1）了解逆变的概念和分类。

（2）掌握逆变基本电路的工作原理。

（3）掌握逆变在光伏发电系统中的应用。

（4）了解逆变的控制技术及应用。

能力目标：

（1）能够根据逆变电路分析其工作原理。

（2）能够对照逆变器分析各部分元件的作用。

项目分解：

任务一　制作小功率单相逆变器

任务二　安装与调试光伏发电系统逆变器

逆变器也称逆变电源，是将直流电能转变成交流电能的变流装置，是太阳能、风力发电中一个重要部件。随着微电子技术与电力电子技术的迅速发展，逆变技术也从通过直流电动机-交流发电机的旋转方式逆变技术，发展到二十世纪六七十年代的晶闸管逆变技术，而二十一世纪的逆变技术多数采用了 MOSFET、IGBT、GTO、IGCT、MCT 等多种先进且易于控制的功率器件，控制电路也从模拟集成电路发展到单片机控制甚至采用数字信号处理器（DSP）控制。各种现代控制理论如自适应控制、自学习控制、模糊逻辑控制、神经网络控制等先进控制理论和算法也大量应用于逆变领域。其应用领域也达到了前所未有的广阔，从毫瓦级的液晶背光板逆变电路到百兆瓦级的高压直流输电换流站；从日常生活的变频空调、变频冰箱到航空领域的机载设备；从使用常规化石能源的火力发电设备到使用可再生能源发电的太阳能风力发电设备，都少不了逆变电源。毋须怀疑，随着计算机技术和各种新型功率器件的发展，逆变装置也将向着体积更小、效率更高、性能指标更优越的方向发展。

## 【项目训练】

1. 什么叫有源逆变？什么叫无源逆变？

2．实现有源逆变的条件是什么？哪些电路可以实现有源逆变？

3．为什么有源逆变工作时，变流器直流侧会出现负的直流电压，而电阻负载和大电感负载不能？

4．在只有电阻和电感的整流电路中，能否使变流装置稳定运行于逆变状态？为什么？对于有 R、L 的整流电路，在运行过程中是否有运行于逆变状态的时刻？如果有，试说明这种逆变是怎样产生的？

5．可逆电路为什么要限制最小逆变角？试绘图说明。

6．什么是电压型逆变电路？什么是电流型逆变电路？两者各有什么特点。

## 【拓展训练】逆变器仿真测试

### 一、电压型单相半桥逆变电路

电压型单相半桥逆变电路仿真模型如图 4-56 所示，两个直流电源电压均为 100V，负载为电阻电感负载，电阻为 1Ω，电感为 0.01H。开关管采用 MOSFET 为模型，逆变器工作频率为 50Hz，驱动信号由两个"Pulse Generator"环节产生，每个环节产生频率为 50Hz，占空比为 49.5%的驱动信号，两个驱动信号间留有 5%（即 100μs）的死区时间。此时电路的仿真波形如图 4-57 所示。按照黄色、紫色曲线颜色顺序三幅波形图中的波形依次为：负载电流、负载电压、开关管 VT1 的电流/电压。读者可以改变驱动信号的周期（同时需要改变驱动环节 2 的延时时间以保证两驱动信号相差 180°）及负载电阻等参数观察电路波形发生的变化。电路仿真中将仿真时间设为 0.15s，最终显示波形为 0.1～0.15s 的电路波形，此时电路已接近稳态。

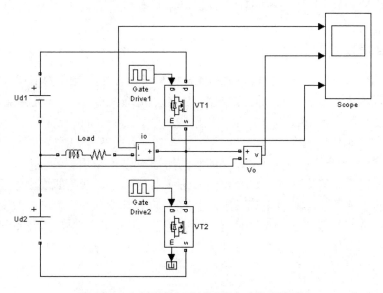

图 4-56　电压型单相半桥逆变电路仿真模型

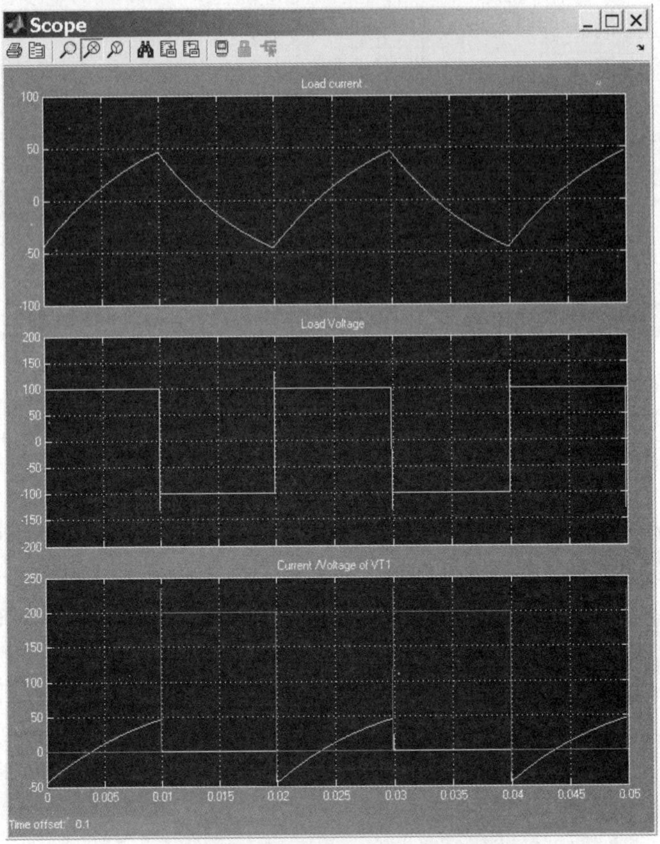

图 4-57　电压型单相半桥逆变电路仿真波形

## 二、电压型单相全桥逆变电路

电压型单相全桥逆变电路仿真模型如图 4-58 所示，直流电源电压为 100V，与半桥逆变电路仿真模型相同，负载为电阻电感负载，电阻为 1Ω，电感为 0.01H，开关管采用 MOSFET 为模型，逆变器工作频率为 50Hz。驱动信号仍然由两个"Pulse Generator"，环节产生，开关管 VT1、开关管 VT4 采用同一个驱动信号，开关管 VT2、开关管 VT3 采用同一个驱动信号。每个环节产生频率为 50Hz，占空比为 49.5%的驱动信号，两个驱动信号间留有 0.5%（即 100μs）的死区时间。此时电路的仿真波形如图 4-59 所示。按照黄色、紫色曲线颜色顺序两幅波形图中的波形依次为：负载电压/负载电流、开关管 VT3 的电流/电压。读者可以改变驱动信号的周期（同时需要改变驱动环节 2 的延时时间以保证两驱动信号相差 180°）及负载电阻等参数观察电路波形发生的变化。电路仿真中将仿真时间设为 0.15s，最终显示波形为 0.1～0.15s 的电路波形，此时电路已接近稳态。

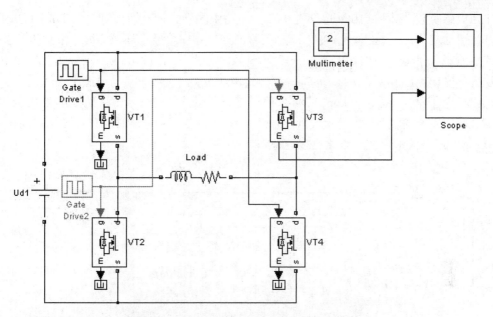

图 4-58  电压型单相全桥逆变电路仿真模型

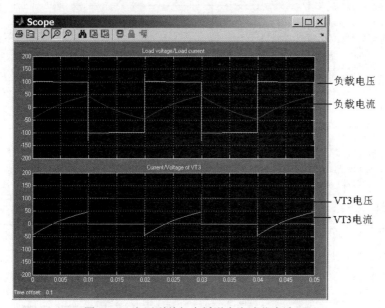

图 4-59  电压型单相全桥逆变电路仿真波形

## 三、电压型三相全桥逆变电路

电压型三相全桥逆变电路仿真模型如图 4-60 所示，两个直流电源电压均为 100V，负载为三相电阻电感负载,电阻为10Ω,电感为0.02H。电路中的开关管分别采用六个"Pulse Generator"环节产生驱动信号,工作频率为50Hz,驱动信号的产生顺序按驱动环节的编号依次相差3.33ms(对应50Hz即为60°)。电路中"Scope1"环节的输出波形如图4-61所示,6幅波形图中的波形依次为:输出电压 $u_{UN'}$、$u_{VN'}$、$u_{WN'}$,输出线电压 $u_{UV}$,负载中点与电源中点间电压 $u_{NN'}$,以及输出相电压 $u_{UN}$。双击"Scope2"环节可以打开该示波器的显示窗口如图4-62所示,分别为电路直流侧及交流侧 U 相电流波形。电路仿真中将仿真时间设为 0.15s,最终显示波形为0.1~0.15s 的电路波形,此时电路已接近稳态。

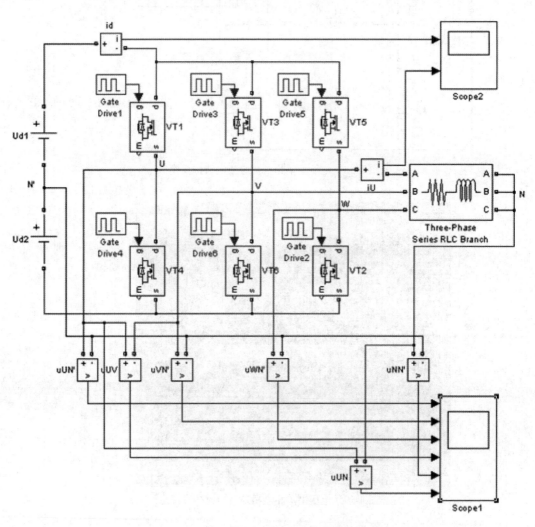

图 4-60　电压型三相全桥逆变电路仿真模型

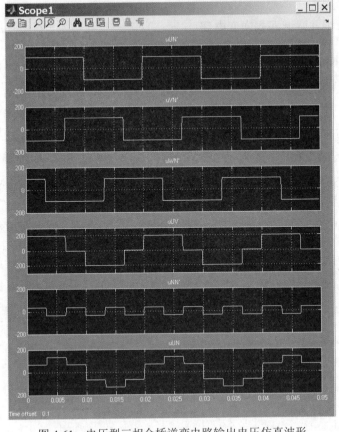

图 4-61 电压型三相全桥逆变电路输出电压仿真波形

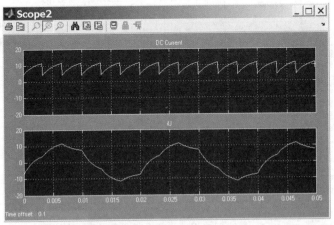

图 4-62 电压型三相全桥逆变电路直流电流及 U 相输出电流仿真波形

### 四、电流型单相并联谐振式逆变电路

采用晶闸管构成的电流型单相并联谐振式逆变电路仿真模型如图 4-63 所示，直流电源电压为 50V，负载为电阻电感与电容并联，电阻为 0.1Ω，电感为 50μH，电容为 800μF。直流侧滤波电感为 2mH。电路中的开关管分别采用两个"Pulse Generator"环节产生驱动信号，工作频率为 1000Hz，VTl、VT4 共用一组驱动信号，VT2 和 VT3 共用一组驱动信号，两组驱动信号相差 0.5ms（对应 1000Hz，即为 180°）。电路的输出波形如图 4-64 所示，四幅波形图中的波形依次为：VT1、VT4 管驱动信号/VT2、VT3 管驱动信号，VT1 管电流/VT1 管电压，负载电流/负载电压，逆变器侧直流母线电压（A、B 两点间电压）。电路仿真中将仿真时间设为 0.03s，最终显示波形为 0.025～0.03s 的电路波形，此时电路已接近稳态。读者可以将负载中电感改为 25μH，或将驱动信号周期改为 1.25ms（即工作频率为 800Hz，注意此时 Trig23 环节的延时时间也应改为 0.625ms，以保证驱动信号间相差 180°），观察电路波形的变化。

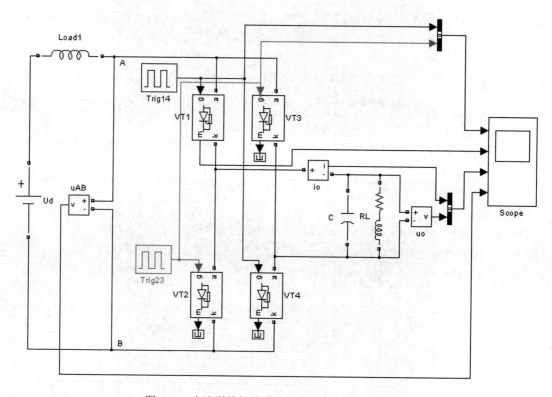

图 4-63　电流型单相并联谐振式逆变电路仿真模型

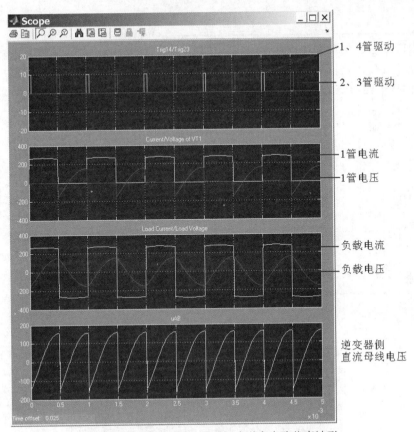

图 4-64　电流型单相并联谐振式逆变电路仿真波形

### 五、电流型三相逆变电路

采用全控型电力电子器件构成的电流型三相逆变电路仿真模型如图 4-65 所示，直流电源电压为 200V，负载为三相电阻电感与电容并联，电阻为 8Ω，电感为 5mH，电容为 100μF。直流侧滤波电感为 20mH。电路中的开关管分别采用六个 "Pulse Generator" 环节产生驱动信号，工作频率为 50Hz，驱动信号的产生顺序按驱动环节的编号依次相差 3.33ms（对应 50Hz，即为 60°）。电路的输出仿真波形如图 4-66 所示，四幅波形图中的波形依次为：U 相电流，V 相电流，W 相电流，U、V 间负载电压。电路仿真中将仿真时间设为 0.2s，最终显示波形为 0.1～0.2s 的电路波形，此时电路已接近稳态。

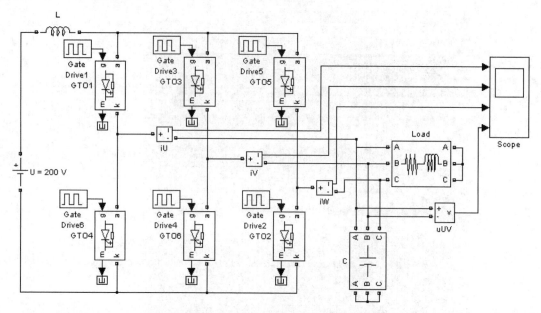

图 4-65　电流型三相逆变电路仿真模型

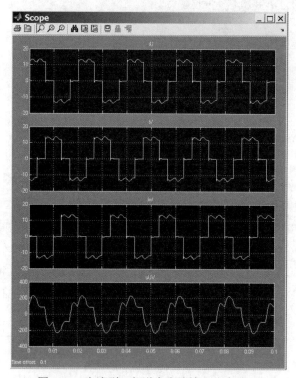

图 4-66　电流型三相逆变电路输出仿真波形

# 参考文献

[1]  王兆安. 电力电子技术. 北京：机械工业出版社，2009.

[2]  马宏骞. 电力电子技术及应用项目教程. 北京：电子工业出版社，2011.

[3]  周渊深. 电力电子技术与 MATLAB 仿真. 北京：中国电力出版社，2014.

[4]  王波. 电力电子技术仿真项目化教程. 北京：北京理工大学出版社，2013.